Лариса Васильевна Галимова
Гуиди Тоньон Клотильде
Алина Игоревна Веденеева

Эксергетический анализ технических систем

AF138167

Лариса Васильевна Галимова
Гуиди Тоньон Клотильде
Алина Игоревна Веденеева

Эксергетический анализ технических систем

LAP LAMBERT Academic Publishing

Impressum / Выходные данные

Bibliografische Information der Deutschen Nationalbibliothek: Die Deutsche Nationalbibliothek verzeichnet diese Publikation in der Deutschen Nationalbibliografie; detaillierte bibliografische Daten sind im Internet über http://dnb.d-nb.de abrufbar.

Библиографическая информация, изданная Немецкой Национальной Библиотекой. Немецкая Национальная Библиотека включает данную публикацию в Немецкий Книжный Каталог; с подробными библиографическими данными можно ознакомиться в Интернете по адресу http://dnb.d-nb.de.

Coverbild / Изображение на обложке предоставлено: www.ingimage.com

Verlag / Издатель:
LAP LAMBERT Academic Publishing
ist ein Imprint der / является торговой маркой
OmniScriptum GmbH & Co. KG
Heinrich-Böcking-Str. 6-8, 66121 Saarbrücken, Deutschland / Германия
Email / электронная почта: info@lap-publishing.com

Herstellung: siehe letzte Seite /
Напечатано: см. последнюю страницу
ISBN: 978-3-659-48913-6

СОДЕРЖАНИЕ

ПРЕДИСЛОВИЕ

В мировой практике существует общий комплексный и многофакторный показатель эффективности эксплуатации оборудования ОЕЕ (Overall Equipment Effectiveness.). Важнейшей составляющей этого показателя является энергоэффективность. В настоящее время Международное энергетическое агентство для количественной оценки энергоэффективности предлагает ввести понятия «негативный ватт», как единицу измерения сэкономленного количества энергии, однако точные подходы к единой оценке пока неизвестны.

В современных технологиях, связанных с преобразованием энергии и вещества важное место занимают объекты, состояние и усовершенствование которых требует использования термодинамики. К ним относятся высокотемпературные и низкотемпературные системы различного назначения.

В сочетании с элементами системного подхода и экономики образован инженерный метод, получивший название эксергетического. Эксергия характеризует энергию любого вида количественно и качественно. Она определяет превратимость, пригодность энергии для технического использования в заданных условиях окружающей среды. Таким образом, эксергия представляет собой некоторую универсальную меру энергетических ресурсов. Использование в технике универсальной меры в виде эксергетического КПД позволяет определить степень термодинамического совершенства процессов, происходящих в системе в целом и каждом элементе в отдельности, производить сравнение различных термодинамических систем.

На основе результатов термодинамического анализа отдельных процессов ведется следующий шаг – анализ термодинамической системы в целом.

Он может проводиться для следующих целей:

Первая цель состоит в том, чтобы получить "разрез", рентгеновский снимок, технической системы с точки зрения анализа происходящих в ней энергетических превращений. Полученная при этом информация в виде распределения и характеристики потерь, значения КПД отдельных частей и системы в целом, относительного веса каждой части, характеристики связи между ними, взаимодействия системы со средой и т.д., может служить основой для дальнейшей работы по усовершенствованию системы и сопоставлению ее с другими системами, предназначенными для тех же или аналогичных целей.

Вторая цель заключается в оптимизации тех или иных параметров для того, чтобы получить наибольшую возможную термодинамическую эффективность системы, т. е. максимальный эксергетический КПД.

В монографии представлены результаты эксергетического анализа установок различного назначения, как проектируемых, так и действующих, объединённых одним свойством: происходящие в них процессы характеризуются ростом энтропии, вызывающим эксергетические потери. Определение характера и величины потерь позволяет выделить компоненты системы, обладающие наибольшими потерями, определить направление совершенствования систем и выработать соответствующие предложения.

В основу разработки методики исследования приняты классические работы по использованию эксергетического анализа в науке и технике [В.М.Бродянский, А.М.Архаров, Дж.Тсатсаронис и др.]. В качестве примеров применения приведены результаты научно-исследовательских работ, выполненных под руководством и при участии д-ра техн. наук, профессора Галимовой Л.В., относящихся к различным по характеру системам преобразования энергии, и способствующих решению проблем энергосбережения.

Глава 1 ЭКСЕРГЕТИЧЕСКИЙ АНАЛИЗ ХОЛОДИЛЬНЫХ УСТАНОВОК РАЗЛИЧНЫХ СХЕМ

Резервом энергосбережения является анализ, проводимый с учётом накопленной информации о реальном термодинамическом совершенстве промышленных тепло - и хладоэнергетических систем.

Процессы, происходящие в холодильных установках, как и все реальные процессы, сопровождаются потерями вследствие необратимости. В связи с этим существует необходимость в методе, позволяющем не только устанавливать потери, но и определять КПД установки в целом и отдельных процессов в частности. Однако, применение эксергетических методик в практике энергоснабжения и энергоиспользования ещё недостаточно. В настоящее время не полно проработан аппарат, позволяющий без сложных вычислений получить результат оценки работы технической системы, выводящий на конкретные рекомендации.

Накопленный материал, полученный на основе испытаний и моделирования холодильных установок различного назначения, позволяет сделать выводы по оценке энергоэффективности действующих предприятий.

Исследованиями в области оценки эффективности технических систем на основе термодинамического метода анализа занимались такие учёные как А.М. Архаров, В.М. Бродянский, В. Фратшер, К. Михалек, В.С.Мартыновский, Н.В. Калининь, Д.П. Гохштейн, А.М. Андрющенко, И.Л. Лейтес, Л.С. Тимофеевский, Л.Е. Медовар, Т.В. Морозюк, Л.И. Морозюк, А. К. Ильин, Л.В. Галимова, Дж. Тсатсаронис, учёные Франции, Германии, США, Их работы положены в основу созданной методики.

1.1. Анализ эффективности промышленных аммиачных холодильных систем на основе экспериментального исследования и термодинамического метода

Раздел основан на материалах диссертации на соискание учёной степени кандидата технических наук гражданки Республики Бенин Гуиди Тоньон Клотильде, защищённой в 2010 году.

Целью проводимых исследований была разработка научно- обоснованной методики термодинамической оценки работы одноступенчатых холодильных аммиачных установок различного назначения.

Для достижения поставленной цели решены следующие задачи:

- изучение современного состояния вопроса о применении термодинамического метода анализа для оценки эффективности технических систем;

- выбор объектов исследования, описание исследуемых холодильных систем, их назначения и состава;

- экспериментальное исследование, разработка и реализация модели лабораторной экспериментальной холодильной машины кафедры холодильных машин Астраханского государственного технического университета (АГТУ). Численный эксперимент с использованием разработанной программы;

- уточнение модели и программы на основе производственного эксперимента на промышленной холодильной установке;

- приложение разработанной методики к исследованию эффективности работы аммиачной холодильной установки льдогенератора портового холодильника Республики Бенин. Разработка комплексной программы эксергетического анализа холодильных установок различного назначения;

- анализ результатов исследования, выработка предложений по условиям эксплуатации холодильных установок.

Объектами данного исследования были три холодильные установки различного назначения.

Экспериментальная аммиачная одноступенчатая холодильная установка кафедры холодильных машин обеспечивает холодом системы непосредственного и рассольного охлаждения, обслуживающие ряд потребителей (охлаждаемая камера, льдогенератор, батарея рассольного охлаждения). Диапазон изменения температуры кипения от -25 до +5°C при температуре охлаждающей воды от 4 до 30° C.

При испытании холодильной машины работали: компрессорно-конденсаторный агрегат АК-АВ22/11, охлаждаемый объект, пульт управления ПУМ-100.

Рабочими параметрами были: давление конденсации, давление кипения, температуры нагнетания, перегрева холодильного агента, охлаждающей воды на входе и выходе из конденсатора, расход воды, температура наружного воздуха, воздуха в лаборатории, диаметр и длина обечайки конденсатора, коэффициент теплоотдачи от поверхности конденсатора к воздуху лаборатории, мощность электродвигателя.

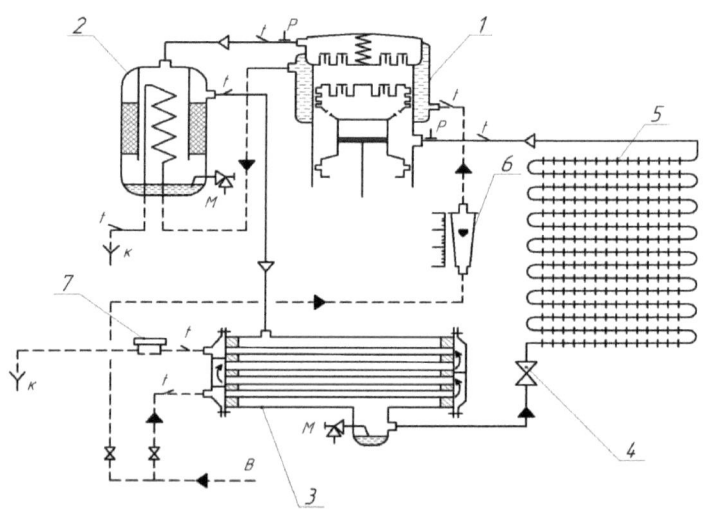

Рис.1.1. Экспериментальная лабораторная холодильная установка

1 – Компрессор, 2 – отделитель масла, 3 – конденсатор, 4 – регулирующий вентиль, 5 – испаритель, 6 – ротаметр, 7 – счетчик В – подача вод, К – слив воды в канализацию, М – выпуск масла из аппарата. Линия трактов ——— хлодогента, – – – – воды. Состояние потока ▷ пар, ▶ жидкость. Измерение парамера ⤳ температуры, ⟂ давления.

Холодильная установка маслосырбазы «Астраханская» предназначена для низкотемпературного хранения продукции молочного производства.

Холодильник оснащен аммиачной холодильной установкой непосредственного и рассольного охлаждения. Расчётные температуры воздуха в охлаждаемых помещениях составляют минус 5 и 0^0C при одной и той же температуре кипения минус 15^0C. Холодильник выполнен по типовому проекту.

Холодильная установка льдогенератора портового холодильника Республики Бенин предназначена для получения плиточного льда и обеспечения им судов рыбного порта (рис. 1.2.).

Особенностью холодильной установки является наличие дополнительного (повторного) теплообменника – испарителя, установленного на линии между основным испарителем-льдогенератором и компрессором. Он обеспечивает сухой ход компрессора при работе в режиме оттайки льдогенератора и предварительное охлаждение оборотной воды.

Конденсатор, компрессор, маслоохладитель охлаждаются водой, проходящей через змеевик вентиляторной градирни, наличие которого создаёт замкнутый контур её циркуляции и чистоту теплообменной поверхности. Для охлаждения змеевика градирни используется холодная артезианская вода.

Методика проведения исследования объектов была построена на основе поэтапного решения задач. На первом этапе было проведено экспериментальное исследование, моделирование и эксергетический анализ лабораторной одноступенчатой холодильной машины, результатом чего стали математическая модель и численный эксперимент с использованием разработанной программы.

С учётом особенностей эксплуатации промышленных холодильных установок на втором и третьем этапах работы при проведении промышленного эксперимента были внесены коррективы в разработанную ранее модель. В дальнейшем анализ проводили по удельным показателям.

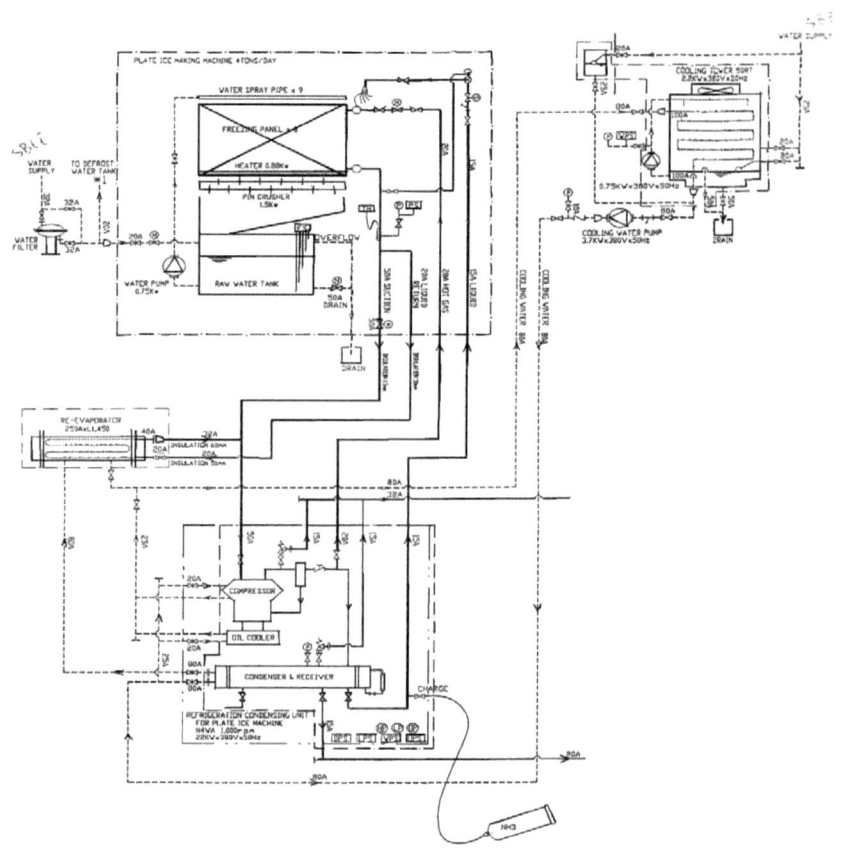

Рис. 1.2. Холодильная установка льдогенератора портового холодильника Республики Бенин

В результате была получена комплексная модель, которая позволила проводить эксергетический анализ одноступенчатых аммиачных холодильных установок различного назначения, получать и анализировать эксергетические показатели эффективности их работы. Комплексная программа имеет «Свидетельство о государственной регистрации программ на ЭВМ №2008614758».

Исходными данными для анализа были рабочие параметры, занесённые в суточные журналы холодильных установок. Для измерения параметров использовались технические приборы, оценку погрешности измерений вели в соответствии с ГОСТ.

Холодильная установка в целом относится к объектам, для которых характерна сложность структуры и стохастичность связей между элементами, неоднозначность алгоритмов поведения при различных условиях, большое количество параметров и переменных, разнообразие и вероятностный характер воздействия окружающей среды.

Для создания моделей было использовано математическое и реальное моделирование в виде физического и натурного. Физическое моделирование (активный эксперимент) проведено на экспериментальной лабораторной установке, с помощью натурного моделирования проведено исследование на промышленных объектах в виде производственного (пассивного) эксперимента. В основу разрабатываемой модели были положены методики теплового и эксергетического расчёта одноступенчатой аммиачной холодильной машины. Укрупненный вариант блок-схемы и алгоритма программы приведены на рис.1.3.

Блок «полученные зависимости» включает в себя формулы, отражающие основные зависимости термодинамических свойств аммиака от рабочих параметров в интервале их изменения, характерном для работы одноступенчатых холодильных машин различного назначения.

Программа разработана на языке Visual Basic 6.0. С использованием разработанной программы был проведен численный эксперимент. Результаты исследования лабораторной экспериментальной установки отражены на интерфейсе (рис. 1.4.) (19 10.2009г)

Проверку адекватности разработанной программы проводили путем сравнения результатов численного эксперимента и расчетов по методике исследования (рис. 1.5.). Расхождение в результатах расчётов находится в пределах 5%.

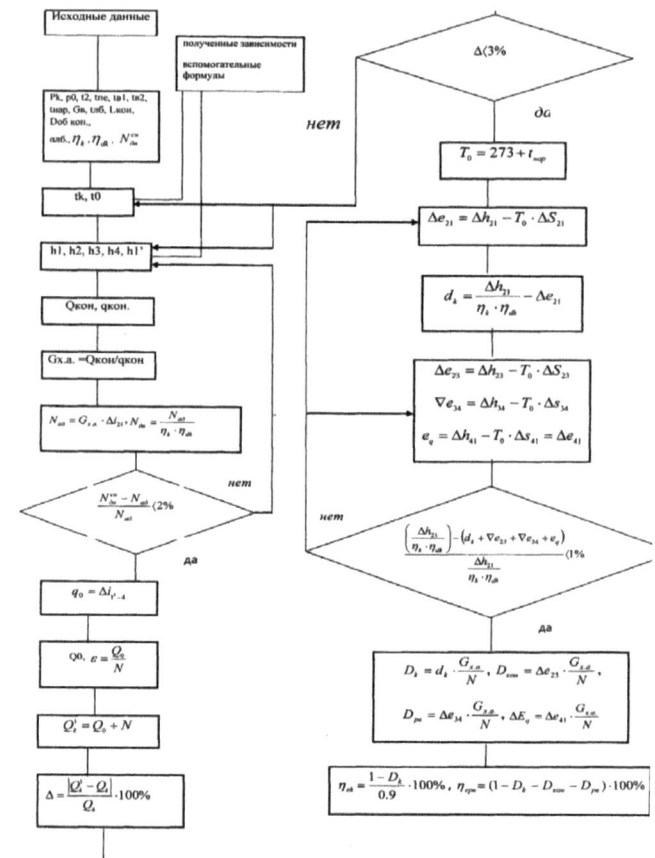

Рис. 1.3. Блок-схема модели лабораторной экспериментальной установки

На основе результатов численного эксперимента были построены диаграммы потоков и потерь эксергии в элементах и холодильной системе в целом (рис. 1.6.). Диаграмма потоков и потерь эксергии позволяет наглядно судить о степени участия каждого элемента холодильной машины в потере вводимой эксергии и о величине эксергетической холодопроизводительности.

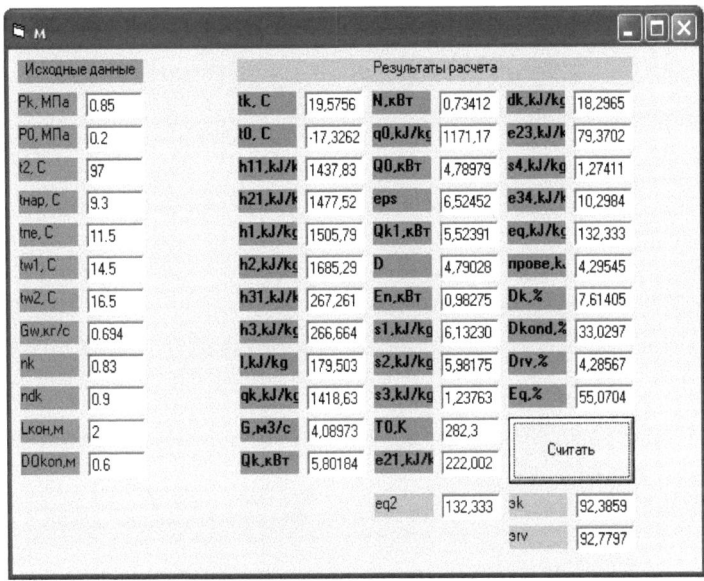

Рис.1.4. Интерфейс модели лабораторной установки

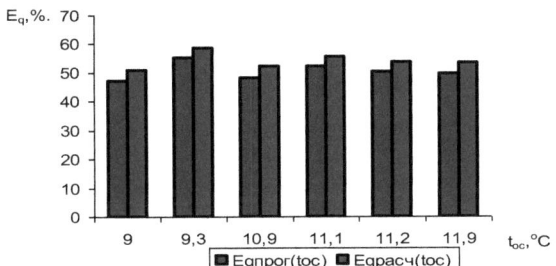

Рис. 1.5. Проверка адекватности программы

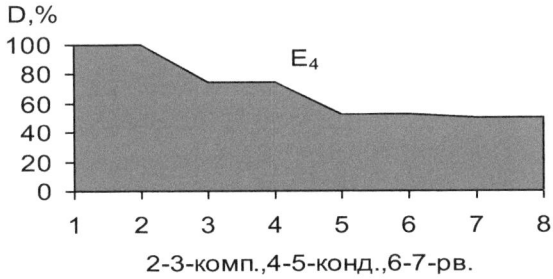

2-3-комп.,4-5-конд.,6-7-рв.

Рис.1.6. Диаграмма потоков и потерь эксергии для лабораторной экспериментальной холодильной установки (25.10.07)

11

Наибольшие эксергетические потери характерны для компрессора, далее идёт конденсатор, самые малые потери в регулирующем вентиле. С целью выявления причин эксергетических потерь, был проведён анализ эксергетических зависимостей по элементам от основных рабочих параметров и далее приведены наиболее важные результаты по всем исследуемым объектам. Самое полное представление имеет результат по установке маслосырбазы «Астраханская». В соответствии с назначением холодильной установки при эксергетическом анализе проводились исследования цикла холодильной машины, систем непосредственного и рассольного охлаждения. Изменения эксергетических характеристик перечисленных объектов в зависимости от температуры кипени приведены на рис.1.7.

Графики зависимостей эксергетических характеристик установки имеют вид ломанных линий. Анализ результатов наблюдений показал, что на изломы влияет изменяющаяся температура конденсации и в большей степени температура нагнетания, которая в разное время достигала величины 160^0C.

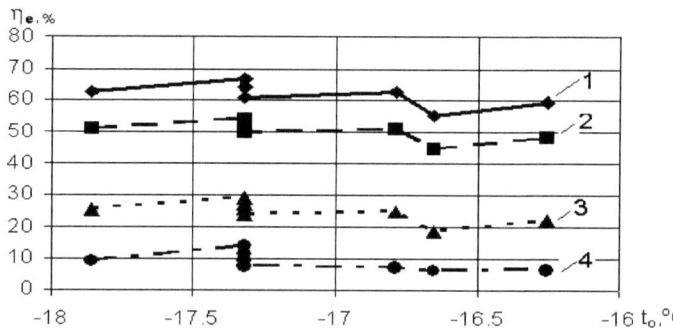

Рис.1.7. Зависимости эксергетических КПД цикла холодильной машины, систем непосредственного и рассольного охлаждения от температуры кипения:
1 – эксергетический КПД цикла;
2 – действительная эксергетическая холодопроизводительность цикла;
3 – эксергетическая холодопроизводительность системы непосредственного охлаждения;
4 – эксергетическая холодопроизводительность системы рассольного охлаждения.

Значение эксергетической холодопроизводительности цикла соответствует приведённому в литературе и характеризует стабильность работы холодильной машины. Основной же особенностью установки в целом являются низкие значения эксергетической холодопроизводительности систем непосредственного и рассольного охлаждения.

Анализ работы элементов вели по ходу процессов преобразования энергии. Для проведения сравнительной оценки необходима ссылка на лучшие эксергетические показатели элементов систем.

При обработке результатов исследования компрессора лабораторной экспериментальной установки была решена задача по определению минимальных эксергетических потерь в поршневом прямоточном компрессоре в режимах, приближенных к адиабатному процессу сжатия пара. Зависимость эксергетических потерь от температуры кипения представлена в виде номограммы (рис.1.8.). Потери в 8% и 16% характерны для режимов, когда при подаче холодной воды в рубашку компрессора температура нагнетания оказалась ниже адиабатной. Эти режимы работы не были учтены при определении среднего значения. Таким образом, среднее значение эксергетических потерь в прямоточном компрессоре определяется величиной 24%. Эту величину потерь можно считать минимальной. Охлаждение рубашки компрессора холодной водой положительно проявилось в работе холодильной установки льдогенератора, где эксергетический КПД компрессора составил более 90%.

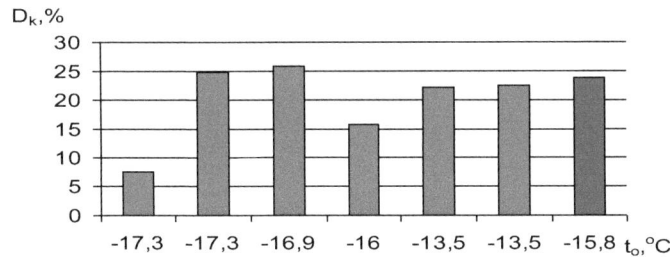

Рис.1.8. Зависимость потерь в компрессоре от температуры кипения

Одним из параметров, влияющих на работу компрессора и конденсатора, является температура нагнетания. При повышении температуры нагнетания КПД компрессоров всех установок снижается, что является закономерным. При

13

определении зависимости потерь в конденсаторе от температуры нагнетания было выявлено противоречие. Характер зависимостей для холодильных установок лабораторной и маслосырбазы «Астраханская» имеет вид, обратный предполагаемому, т.е. с повышением температуры нагнетания потери эксергии от пара к охлаждающей воде немного снижаются. Этот факт имеет следующее объяснение. Наибольшая часть потерь в конденсаторе связана с охлаждением аммиака от температуры нагнетания до температуры конденсации. Если теплообменная поверхность конденсатора покрыта слоем водяного камня, это уменьшает эффективность теплопередачи от пара к воде. Тепло от пара в процессе сбива перегрева частично передаётся через наружную поверхность конденсатора к окружающей среде и эксергия пара снижается. При повышенном значении температуры нагнетания этот процесс более заметен.

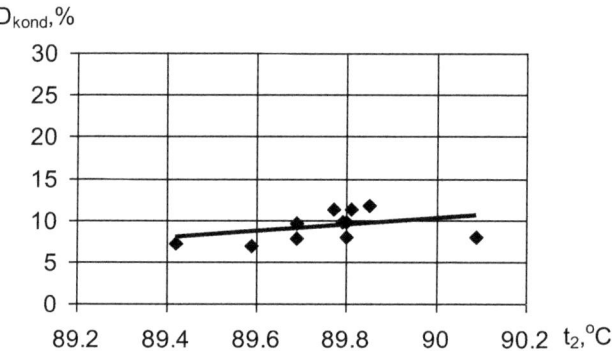

Рис.1.9.Зависимость эксергетических потерь в конденсаторе от температуры нагнетания для холодильной установки льдогенератора

Наличие загрязнений на теплообменной поверхности вертикального конденсатора подтверждено визуально. На чистой поверхности конденсатора зависимость является закономерной (рис.1.9.).

Эффект охлаждения при расширении рабочего тела целесообразно оценивать с термодинамических позиций по возрастанию термической составляющей эксергии. Разность температур, созданная при дросселировании, используется для получения работы, численно равной эксергетической холодо-

14

производительности. Значение эксергетического КПД процесса дросселирования определяли в зависимости от степени сжатия. Характер изменения КПД для холодильной установки маслосырбазы «Астраханская» представлен на рис.1.10. Характер полученной зависимости совпадает с приведённым в литературе. Небольшое снижение величины КПД в полученном интервале отношений давлений объясняется загрязнением системы. Для двух других исследуемых установок наблюдается практически полное совпадение линий. Для оценки работы охлаждающих приборов был проведён анализ всех систем, представленных в исследуемых объектах.

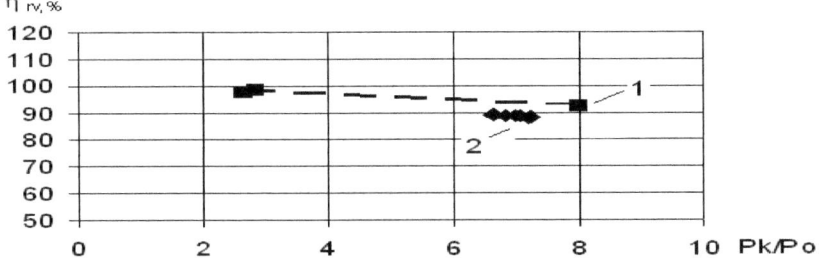

Рис.1.10. Зависимость эксергетического КПД процесса дросселирования в регулирующем вентиле от степени сжатия.
1 – Расчетная 2 – Действительная

На рис.1.11. приведена зависимость эксергетического КПД рассольного испарителя холодильной установки маслосырбазы от средней разности температур рассола и кипения. При повышении температурного напора наблюдается снижение величины КПД. Среднее значение КПД составляет 87% при изменении температурного напора в интервале 3…6 ^{0}С.

Для оптмального значения температурного напора КПД должен иметь значение 95%, потери эксергии в рассольном испарителе при этом составляют 5%. Увеличенне в 2,5 раза значения эксергетических потерь характеризует испаритель с загрязнённой поверхностью теплообмена.

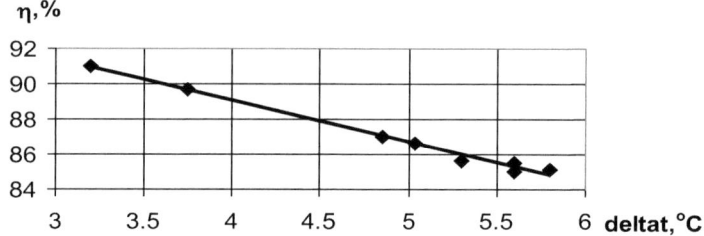

Рис.1.11. Зависимость эксергетического КПД рассольного испарителя от температурного напора.

Значительное снижение эксергетического КПД происходит в охлаждаемых камерах. При оценке эффективности охлаждаемых камер за параметр была принята безразмерная температура, равная отношению температуры камеры и окружающей среды. Зависимость эксергетического КПД камеры непосредственного охлаждения от безразмерной температуры представлена на рис. 1.12.

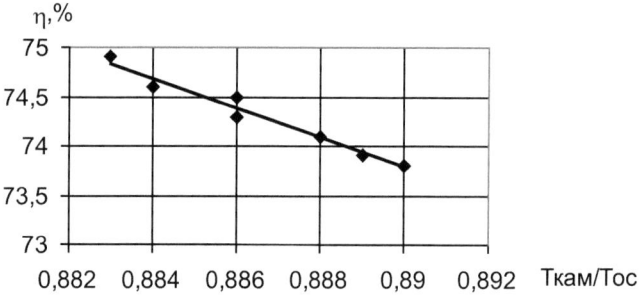

Рис.1.12. Зависимость эксергетического КПД камеры непосредственного охлаждения от безразмерной температуры

Снижение значения эксергетического КПД при повышении безразмерной температуры камеры объясняется увеличением конечных разностей температур. Для сравнения, в камерах непосредственного охлаждения среднее значение КПД при перепаде температур 10 градусов составляет примерно 74,5%. Высокая разность между температурами в камере и кипения холодильного агента объясняется неудовлетворительным состоянием изоляции. Зависимость эксергетического КПД камеры рассольного охлаждения от безразмерной температуры камеры имеет подобный вид с интервалом изменения КПД от 73 до70,5%.

Пониженное значение КПД рассольной камеры объясняется влиянием загрязнённого испарителя, плохой изоляции рассольных трубопроводов и камер. Суммарное влияние потерь в элементах холодильной установки приводит к невысоким показателям её работы в целом. Так, эксергетическая холодопроизводительность системы непосредственного охлаждения составляет 25%, а рассольного – 10%.

Наилучшие эксергетические показатели имеет установка льдогенератора портового холодильника Республики Бенин (рис.1.13)

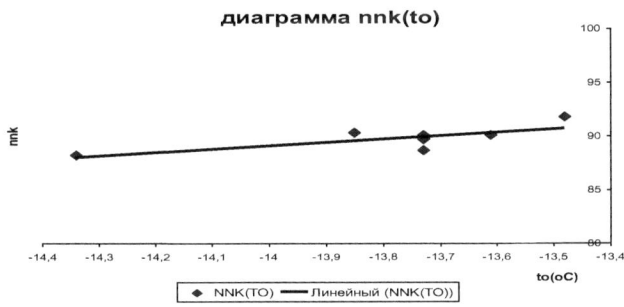

Рис.1.13. Зависимость эксергетического КПД испарителя от температуры кипения

При определении эксергетического КПД льдогенератора температуру плиты льда определяли как среднюю между температурами воды и кипения. Как видно из графика, среднее значение эксергетического КПД составляет 67%, что вполне удовлетворительно для льдогенератора периодического действия.

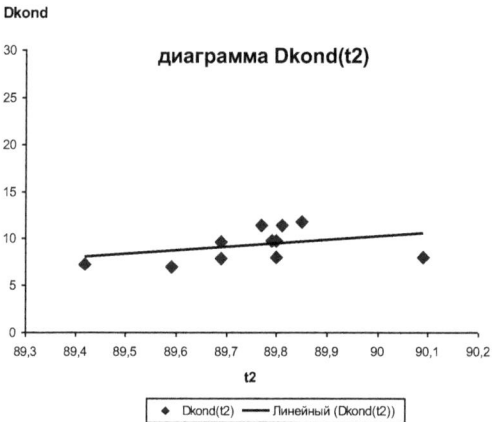

Рис.1.14. Зависимость эксергетических потерь в конденсаторе от температуры перегрева аммиака

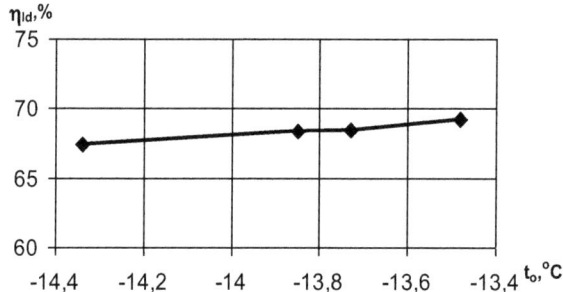

Рис.1.15.Зависимость эксергетического КПД льдогенератора от температуры кипения

Результаты эксергетического анализа процессов, происходящих в конденсаторах различных типов, позволили сделать вывод, что на величину эксергетических потерь системы влияет загрязнение поверхности теплообменных аппаратов.

При моделировании работы промышленного загрязненного конденсатора определяли зависимость коэффициента загрязнения от температуры конденсации и потерь эксергии для различных конденсаторов. Расчеты вели по математической модели холодильной установки с использованием универсального математического пакета Math Cad 14.

Коэффициент загрязнения поверхности конденсатора определяли по основному уравнению теплопередачи.

При моделировании системы предложено теоретическое определение температуры охлаждающей воды по температуре мокрого термометра:

$t_{\text{мт}} = (-6,14 + 0,651h) / (1 + 0,0097h - 3,12. \, 10^{-6} h^2)$

Значения температуры конденсации и потерь эксергии в конденсаторах выбирали из данных интерфейсов для каждой исследуемой установки. В результате обработки получена следующая зависимость, м^2/КВт,

$K = -1,971.10^{-3} + 7,398.10^{-5} t_k + 7,398.10^{-5} \Delta e$,

где K – коэффициент загрязнения, равный термическому сопротивлению загрязнённой стенки для различных конденсаторов.

В соответствии с полученной зависимостью были проведены расчёты по определению коэффициента загрязнения конденсаторов от температуры конденсации и величины эксергетических потерь для исследуемых установок. При этом получены следующие усреднённые значения:

1.Холодильная экспериментальная лабораторная установка–58.10^{-4} ,(м^2 К)/Вт;

2.Холодильная установка маслосырбазы –80 10^{-4} ,(м^{2}К)/Вт;

3.Холодильная установка льдогенератора Республики Бенин -40.10^{-4},(м^{2}К/Вт)

Сравнение вели с величиной 44· 10^{-4} (м^{2}К)/Вт. На основании исследования сделан вывод, что наиболее чистой является поверхность конденсатора установки портового льдогенератора Республики Бенин, загрязнение средней степени в конденсаторе установки лаборатории АГТУ, сильное загрязнение конденсаторных трубок в конденсаторе установки маслосырбазы «Астраханская».

В работе приведены коэффициенты коррекции рабочих характеристик холодильной установки при различных значениях коэффициента загрязнения,

19

на основании которых можно сделать вывод об изменении показателей её работы.

При анализе работы испарителей и камерных охлаждающих батарей исходили из того, что понижение эффективности работы испарителя связано с уменьшением коэффициента теплопередачи в случае недостатка хладагента или скопления масла, увеличения слоя снеговой шубы, нарушения работы вентиляторов воздухоохладителей. Ухудшение теплопередачи испарителей для охлаждения хладоносителя происходит при загрязнении их поверхности, выпадении «двойной соли», коррозии поверхности, обмерзания панелей, нарушении циркуляции хладоносителя в испарителе вследствие неисправности мешалки.

Целью проведения анализа промышленных испарителей и камерных охлаждающих приборов было получение зависимости эксергетического КПД от рабочих параметров, сравнение их величины с максимальным значением эксергетического КПД, соответствующим нижнему значению оптимального температурного перепада, и заключение о состоянии теплообменной поверхности.

В результате обработки опытных данных были получены следующие зависимости,%,

Установка маслосырбазы:

1. Рассольный испаритель –

$\eta_e = 0,886 \ t_0 - 0,490 t_{расс.} + 96.271$

2. Батареи непосредственного охлаждения –

$\eta_e = 69,339 - 0,203 \ (t_0 + t_{кам})$

3. Рассольные батареи –

$\eta_e = -0,017 \ t_0 - 0,545 \ t_{кам} + 70,022$

Установка льдогенератора:

$\eta_e = 3,601 \ t_0 - 1,984 \ t_{льда} + 113,423$

Заключение о состоянии поверхности делали по аналогии с конденсатором и на основе наблюдений.

Величину расчётной эксергетической потери для каждого аппарата можно определить с использованием комплексной программы, либо оценить по формуле:

D = 1 - ((T$_1$ - T$_{oc}$)/T$_1$ T$_2$/ (T$_2$ - T$_{oc}$)),

где T$_1$,T$_2$ - значения температуры потоков для каждой исследуемой системы.

В результате сравнения установлено, что средние значения эксергетических потерь в приборах охлаждения отличаются от расчётных на, %,

Рассольный испаритель..53,8

Охлаждающая батарея системы непосредственного

охлаждения...61,5

Охлаждающая батарея системы рассольного

охлаждения...42,5

Испаритель льдогенератора...19,6

На основании анализа сделан вывод - рассольный испаритель и камерные охлаждающие приборы холодильной установки маслосырбазы «Астраханская» находятся в неудовлетворительном состоянии. Требуется принятие комплекса мер по устранению недостатков. Испаритель льдогенератора работает удовлетворительно.

Используя полученные зависимости эксергетического КПД от рабочих параметров, можно определить состояние охлаждающей системы в любое выбранное время, а, проведя сравнение с расчётным значением, сделать заключение о принятии необходимых мер (добавлении в систему аммиака, снятии снеговой шубы, очистке приборов от коррозии и т.д.)

1.2. Анализ одноступенчатой фреоновой холодильной установки фруктового холодильника ООО «АРТЭС», г. Астрахань

ООО «АРТЭС» это одно из предприятий, которое занимается хранением овощей и фруктов, а также продажей их в продовольственные магазины и супермаркеты. Емкость холодильника 5000 тонн, площадь 4000м^2.

Предприятие имеет две одноступенчатые фреоновые холодильные установки, практически полностью автоматизированные, которые могут управляться дистанционно. Обе установки работают на фреоне R404a. Сам холодильник состоит из «экспедиции», двух камер для хранения овощей и фруктов, одной камеры исключительно для хранения бананов и пяти камер-газификаторов для дозревания бананов. Все камеры находятся в одном здании. Здание построено по принципу «Сэндвич».

Для эксергетического исследования выбрана одна из установок.

Схема технологического процесса холодильника представлена на рис.1.16

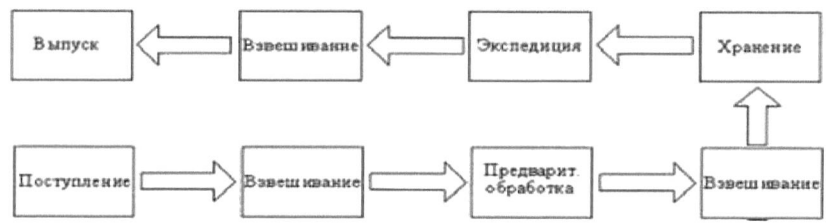

Рис.1.16. Схема технологического процесса

Виды обрабатываемых продуктов

Таблица 1.1.

№	Наименование продукта	Стандартная температура хранения	Относит. Влажность %
1	Лук репчатый	$+1….-3^0C$	$80 - 90$
2	Картофель	$+2….+4^0C$	$93 - 98$
3	Капуста	$0….+1^0C$	$90 - 95$
4	Огурцы	$+7….+10^0C$	$85 - 95$
5	Помидоры	$0….+1^0C$	$85 - 90$
6	Баклажаны	$+7….+10^0C$	$85 - 90$
7	Перец болгарский	$0….+2^0C$	$90 - 95$
8	Свекла	$0….+1^0C$	$90 - 95$
9	морковь	$0….+1^0C$	$90 - 95$

10	Яблоки	$0....+4^0$C	80 – 90
11	Груша	$-2....+3^0$C	85 – 95
12	Слива	$0....+2^0$C	80 – 85
13	Абрикос	$-0,5....+0,5^0$C	90 – 95
14	Персик	$0....+1^0$C	85 – 90
15	Виноград	$0....+5^0$C	90 – 95
16	Апельсины	$+5...+7^0$C	93 – 98
17	Бананы	$+12^0$C	80 – 85

План помещения холодильника представлен на рис. 1.17.

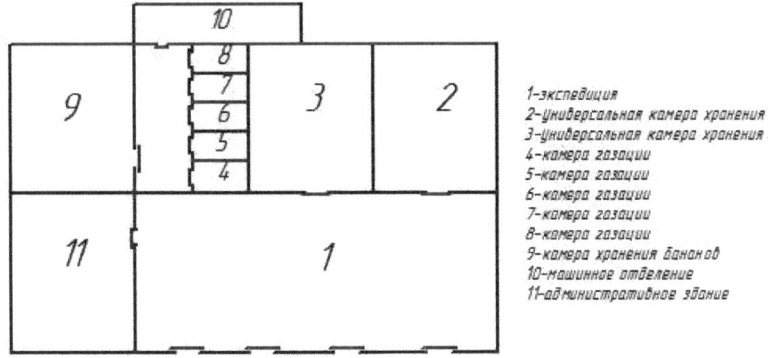

1-экспедиция
2-универсальная камера хранения
3-универсальная камера хранения
4-камера газации
5-камера газации
6-камера газации
7-камера газации
8-камера газации
9-камера хранения бананов
10-машинное отделение
11-административное здание

Рис.1.17. План холодильника

Схема размещения холодильного оборудования и разводки трубопроводов по холодильнику показана на рис. 1.18.

Эксергетический анализ проводился с учётом особенностей фреоновой холодильной машины, схемы подачи холодильного агента, способа охлаждения камер и отвода тепла в окружающую среду. Исходные данные для проведения анализа получены на основе производственного эксперимента.

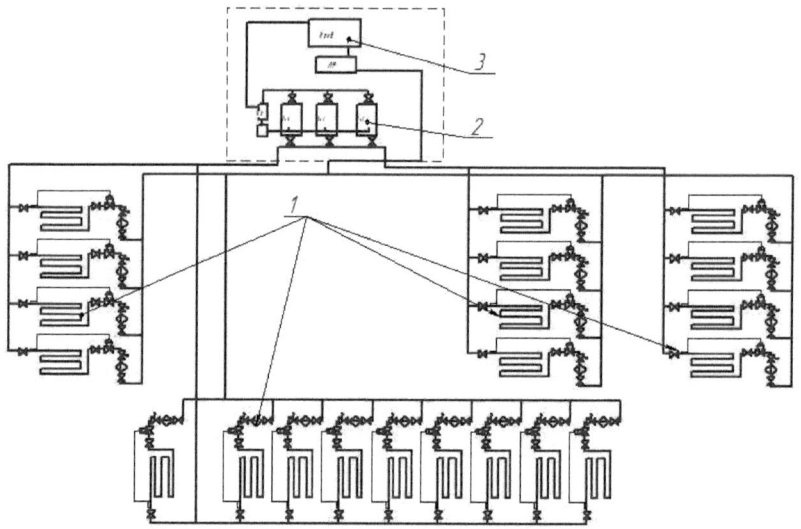

Рис.1.18. Схема разводки трубопроводов по машинному отделения и холодильным камерам.

1- воздухоохладители: 4 на камеру и 9 штук в помещении «экспедиция» (фирма IMBAT модель NY-E-O-2000-OO-CY пластинчатый мощность 31 кВт, m=226 кг); 2- блок из 3-х компрессоров MBT (Компрессора фирмы DWM COPELAND модели D8SJ1-600X-AWM/D полугерметичные поршневые 8-ми цилиндровые): 3- конденсатор (фирма MBT пластинчатый кол-во вентиляторов 8)

Методика проведения эксергетического анализа включала в себя следующие основные этапы:

1. Тепловой расчет;

2. Эксергетический расчет;

3. Расчет эксергетического КПД;

4. Проведение расчетов ручным и программным способом. Сравнение.

Расчетные параметры системы

Параметры	Определение	4.07.11	5.07.11	6.07.11	1.08.11	2.08.11	3.08.11
Ро, бар	Давление кипения	3,34	3,34	3,34	3,34	3,34	3,34
Рк, бар	Давление конденсации	16,3	16,3	16,5	16,4	16,5	16,3
То, °С	Температура кипения	-11,8	-10,7	-11	-10,07	-11,5	-11,8
Тк, °С	Температура конденсации	32,1	32	32,1	32	32	32,1
Тос, °С	Температура окр. среды	29	27,9	30,7	32,1	29,4	26,6
Ткам1, °С	Температура камеры №1	14,7	15,3	15	14,1	13,3	15
Ткам2, °С	Температура камеры №2	2,5	7,1	6,1	2,83	6,2	5,2
Ткам3, °С	Температура камеры №3	4,1	6,4	5,1	4	5	6,4
Ткам9, °С	Температура камеры №9	-	2,6	2,5	2,5	-	2,5

Исходные данные для проведения эксергетического анализа приведены в таблице 1.2.

Средняя температура воздуха в охлаждаемых помещениях находится как средняя арифметическая всех камер по каждому дню. Результаты расчета приведены в таблице 1.3.

Среднее значение температуры в помещении

	4.07.11	5.07.11	6.07.11	1.08.11	2.08.11	3.08.11
$t_{ср}$	7,1	7,85	7,175	5,86	8,17	7,275

Результаты ручного расчета приведены в таблице 1.4.

Эксергетические показания системы

параметры	1 (4.07.11)	2 (5.07.11)	3 (6.07.11)	4 (1.08.11)	5 (2.08.11)	6 (3.08.11)
N	36,11	27,7	41,67	42	26,77	41,67
$d_{км}$	10,11	7,7	11,67	12	7,8	11,67
$D_{км}$, %	27,9	27,8	28	28,5	28,4	28
$d_{кон}$	5,12	4,55	6,372	5,76	3,9	3,2
$D_{кон}$, %	14	16	15,3	13,7	14	7,8
$d_{рв}$, %	11	8	9	11	10	10
$n_{рв}$, %	89	92	91	89	90	90
$d_и$, %	45	46	44	41	45	52
$\eta_и$, %	55	54	56	59	55	48
$\sum d$	98	97,8	96,3	94,2	98.6	97.6
η, %	2	2,2	3,7	5,8	1.4	2.4
Δt	18,9	18,55	18,175	15,93	19,67	19,1

С целью проведения анализа для различных условий эксплуатации разработана программа на языке Visual Basic. Блок-схема программы представлена на рис. 1.19. С использованием разработанной программы был проведен эксергетический расчет. Результаты программного расчета представлены на интерфейсе. Пример интерфейса расчета на один из дней приведен на рис.1.20.

Результаты программного расчета сведены в таблицу 1.5.

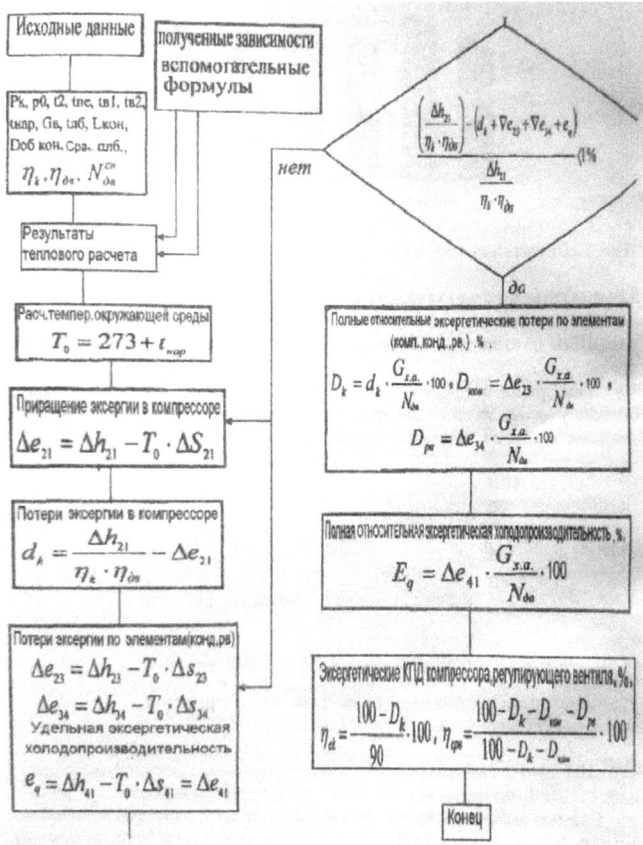

Рис.1.19. Блок-схема и алгоритм программы эксергетического анализа

Эксергетические показатели системы

пара-метры	1 (4.07.11)	2 (5.07.11)	3 (6.07.11)	4 (1.08.11)	5 (2.08.11)	6 (3.08.11)
$\eta, \%$	2.05	2,3	3,8	6.2	1.9	2.4
Δt	18,9	18,55	18,175	15,93	19,67	19,1

Средняя разность между показателями расчета составляет 5%, что характеризует адекватность разработанной программы.

27

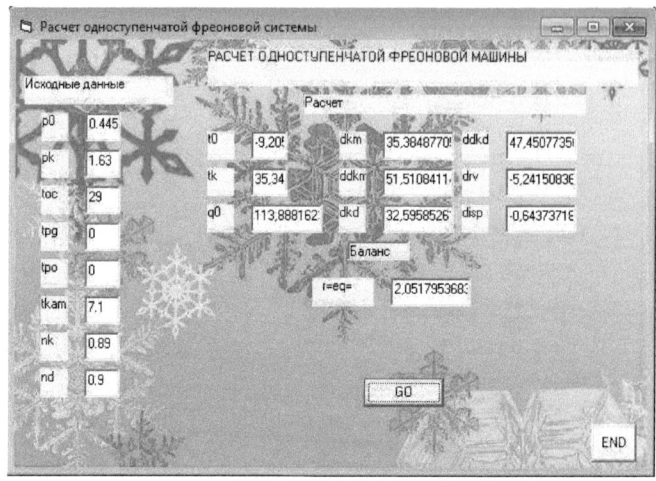

Рис.1.20. Интерфейс программы эксергетического анализа (4.07.2011г.).

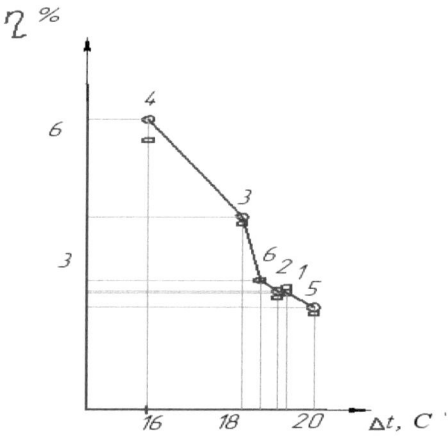

Рис.1,21. Зависимость эксергетического КПД системы по дням замеров.1,2,3,4,5,6-точки, соответствующие дням из таблицы 1.5.
○ - результаты ручного расчета; ▢ -результаты программного расчета

Результаты численного эксперимента были использованы для оценки изменения значений эксергетического КПД от величины температурного напора между охлаждаемой камерой и испарителем. Как видно из графика, повышение температурного напора в интервале 16…19 град. ведёт к резкому снижению эк-

28

сергетического КПД, что характеризует ухудшение энергетических и эксергетических показателей эксплуатации системы.

1.3. Выводы к главе 1.

Обобщение и анализ результатов исследования позволили заключить, что термодинамический анализ технических систем вносит вклад в решение проблем энергосбережения энергоёмких промышленных предприятий.

1. Современное состояние вопроса о проведении термодинамического анализа для оценки эффективности работы промышленных предприятий определило актуальность проблемы и возможность внедрения его в холодильную технику.

2. Разработанная методика определения основных эксергетических показателей работы элементов и в целом холодильных установок различного назначения даёт возможность оценить эффективность их работы, выявить особенности и наметить пути устранения недостатков.

3. Разработанные математические модели, учитывающие особенности каждой системы, дают возможность анализировать состояние технической системы в любое нужное время и при наличии коммутатора вести оперативный анализ.

4. Выбор режима эксплуатации зависит от внешних условий и стоимостных показателей. Так на маслосырбазе «Астраханская» из-за высокой стоимости городской воды вынужденной оказалась работа с повышенной температурой нагнетания (до 160^{0}С), что ведёт к снижению эксергетических показателей. Рекомендовано предусмотреть параллельную линию водоснабжения для охлаждения компрессоров с подключением её в случае острой необходимости.

5. На холодильной установке льдогенератора портового холодильника Республики Бенин предусмотрена эксплуатация с интенсивным охлаждением компрессора при высоком перегреве пара перед компрессором. Это даёт возможность получить пониженную температуру пара перед конденсатором, авто-

матически защитить компрессор от влажного хода и получить высокие эксергетические показатели работы системы.

6. На величину эксергетической холодопроизводительности систем большое влияние оказывает состояние оборудования и предприятия в целом. Так при плохом состоянии изоляции помещений, аммиачных и рассольных трубопроводов эксергетический КПД системы непосредственного охлаждения холодильника маслосырбазы составляет 25%, а системы рассольного охлаждения - 10%.

7. Эксергетические потери в конденсаторах зависят от чистоты теплообменной поверхности.

8. Эксергетические потери в испарителе и камерных охлаждающих приборах позволяют судить о качестве их эксплуатации.

9. Для повышения энергетической эффективности установки холодильника ООО «АРТЭС» в целом предложено настроить работу компрессоров на более высокую температуру кипения, что приведет к уменьшению потерь в процессах теплообмена в системе охлаждения камер. Это повысит КПД установки и снизит величину затраченной электроэнергии.

10. В целом по всем исследованным установкам практически все хладообразующие элементы работают достаточно эффективно. Основные эксергетические потери характерны для системы потребления полученного холода.

11. По каждому промышленному предприятию результаты анализа обсуждались с администрацией, получены акты внедрения в производство.

Глава 2 АНАЛИЗ ЭФФЕКТИВНОСТИ ЭНЕРГОСБЕРЕГАЮЩИХ СИСТЕМ НА ОСНОВЕ АБСОРБЦИОННЫХ БРОМИСТОЛИТИЕВЫХ ХОЛОДИЛЬНЫЕ МАШИН С ИСПОЛЬЗОВАНИЕМ ЭКСЕРГЕТИЧЕСКОГО МЕТОДА

Низкопотенциальная энергетика, являясь актуальным направлением холодильной техники, вносит свой вклад в решение мировой проблемы энергосбережения. Анализ выполненных ранее работ показал, что в определённых условиях абсорбционные преобразователи теплоты (АБПТ) различных схем могут быть использованы для создания энергосберегающих систем. Особая роль в применении новых энергосберегающих технологий на базе АБПТ принадлежит предприятиям энергетики и теплоснабжения. Применение АБПТ, использующих в качестве внешней энергии тепловые сбросы объектов энергоснабжения, позволяет повысить степень термодинамического совершенства систем преобразования энергии. Однако, создание энеросберегающих систем требует оценки термодинамической эффективности их элементов, в частности, абсорбционных бромистолитиевых холодильных мащин (АБХМ), используемых в представленных далее схемах.

2.1. Результаты термодинамического анализа абсорбционных бромисто-литиевых холодильных машин нового поколения на основе моделирования

Абсорбционные бромистолитиевые холодильные машины нового поколения разработаны в ООО «ОКБ ТЕПЛОСИБМАШ», г. Новосибирск.

Назначение - выработка захоложенной воды с температурой от +5°С и выше.

Области применения - системы кондиционирования; охлаждение технологического оборудования в различных отраслях промышленности (химическая, металлургическая, коксохимическая, нефтехимическая, газовая, текстильная, атомная энергетика и др.).

Отличительные особенности - высокая эффективность; экологическая чистота; минимальное потребление электроэнергии; длительный срок службы; бесшумность при эксплуатации; отсутствие динамических нагрузок; неподведомственность "ГОСГОРТЕХНАДЗОРА"; исключение возможности попадания абсорбента во внешние коммуникации; высокая ремонтопригодность. Основные показатели бромистолитиевых абсорбционных холодильных машин (АБХМ) нового поколения приведены в таблице 2.1

Основные показатели холодильных машин конструкции «ОКБ ТЕПЛОСИБМАШ»

Таблица 2.1.

Показатели	Тип холодильной машины				
	АБХМ-Вн	АБХМ-В	АБХМ-П	АБХМ2-П	АБХМ2-Т
Холодильная мощность, кВт	350-2000	350-5000			
Температура охлаждаемой воды вход / выход, °C	17/12	12/7			
Температура охлаждающей воды вход / выход, °C	28/34	28/36			
Греющая среда	Вода	Вода	Пар	Пар	Топливо
Температура греющей воды, °C или давление пара (абс), МПа	85/75	115/105	0,15	0,7	-
Удельный расход пара (воды) на выработку холода, кг/МВт	120*	120*	2300	1320	-
Удельный расход условного топлива (23,9МДж/кг), кг/МВт	-				120

Отечественные абсорбционные бромистолитиевые холодильные машины нового поколения имеют высокую надёжность, длительный срок службы, низкую удельную металлоёмкость, высокую компактность, полную заводскую готовность. Все теплообменные поверхности выполнены из тонкостенных медноникилиевых труб специального профиля. Для защиты от коррозии используются новые ингибиторы. Для интенсификации процессов теплообмена в раствор вводятся поверхностно-активные вещества. Машины оснащены современными приборами автоматического контроля и защиты от аварийных ситуаций. Схемы холодильных машин и общий вид АБХМ-1500 приведены на рис.2.1.

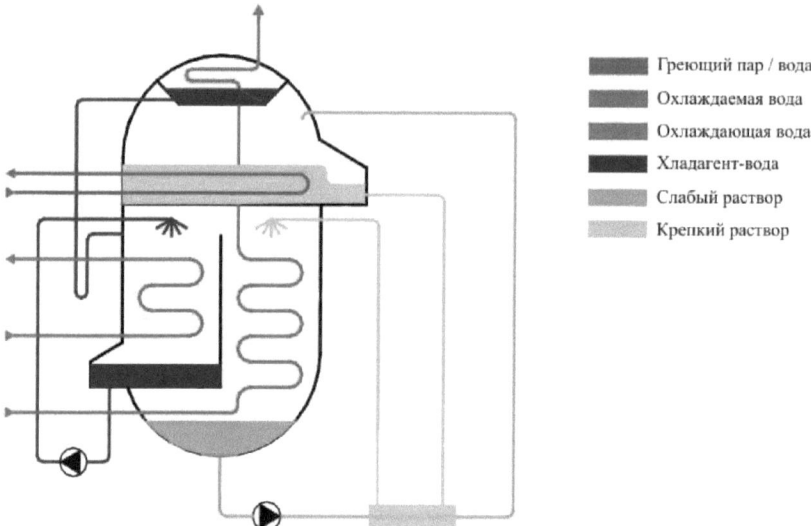

▰	Греющий пар / вода
▰	Охлаждаемая вода
▰	Охлаждающая вода
▰	Хладагент-вода
▰	Слабый раствор
▰	Крепкий раствор

Схема АБХМ (одноступенчатая регенерация раствора).

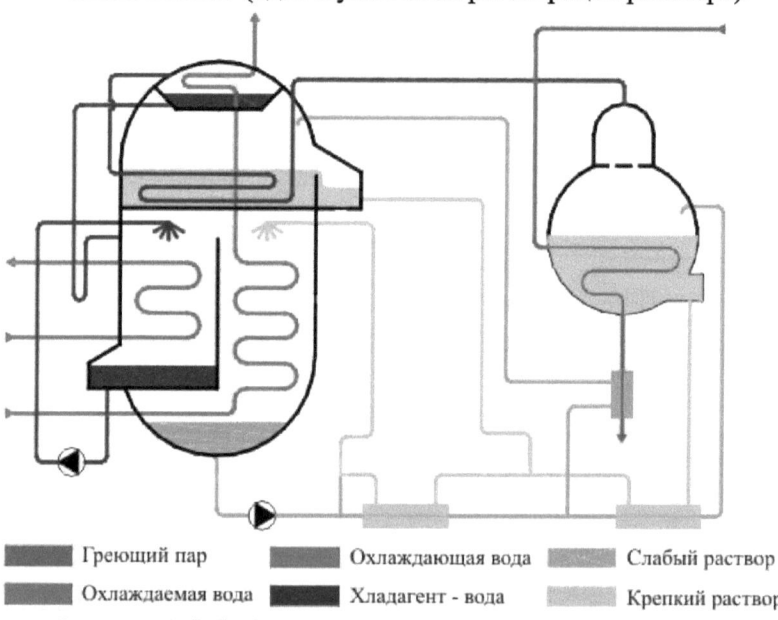

▰ Греющий пар	▰ Охлаждающая вода	▰ Слабый раствор
▰ Охлаждаемая вода	▰ Хладагент - вода	▰ Крепкий раствор

Схема АБХМ2 (двухступенчатая регенерация раствора).

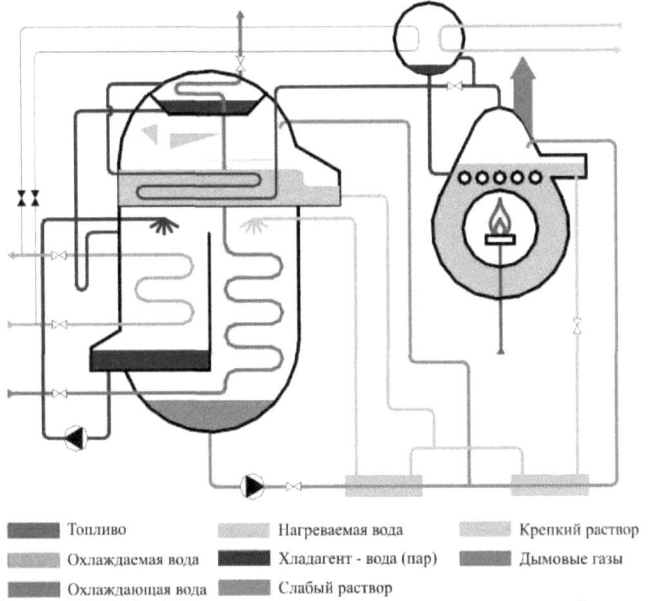

Топливо	Нагреваемая вода	Крепкий раствор
Охлаждаемая вода	Хладагент - вода (пар)	Дымовые газы
Охлаждающая вода	Слабый раствор	

Схема АБХМ2 – Т (двухступенчатая регенерация раствора), режим холодоснабжения.

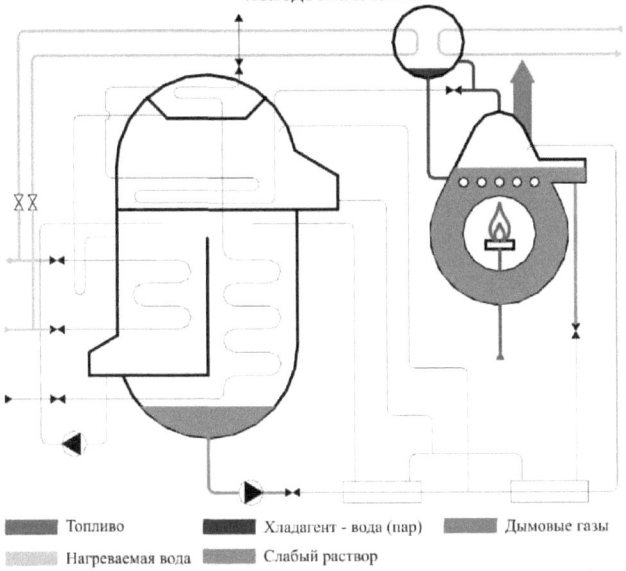

Топливо	Хладагент - вода (пар)	Дымовые газы
Нагреваемая вода	Слабый раствор	

Схема АБХМ2 – Т (двухступенчатая регенерация раствора), режим

Рис.2.1. Схемы абсорбционных бромистолитиевых холодильных машин нового поколения и общий вид АБХМ-1500

Основные направления использования абсорбционных бромистолитиевых холодильных машин зависят, в первую очередь, от характеристики источников тепловых ресурсов. Греющие источники для обогрева генератора должны иметь температуру при различных схемах от 80 до 170 град. Цельсия.

В настоящее время большой интерес представляет использование АБХМ с водяным обогревом и одноступенчатой регенерацией раствора для выработки холода при наличии сбросной или дешёвой теплоты в составе энергетических систем по одновременной выработке электроэнергии, холода (теплоты) (когенерация), одновременной выработке электроэнергии, теплоты и холода (тригенерация). Принципиальные схемы установок представлены на рис.2.2.:

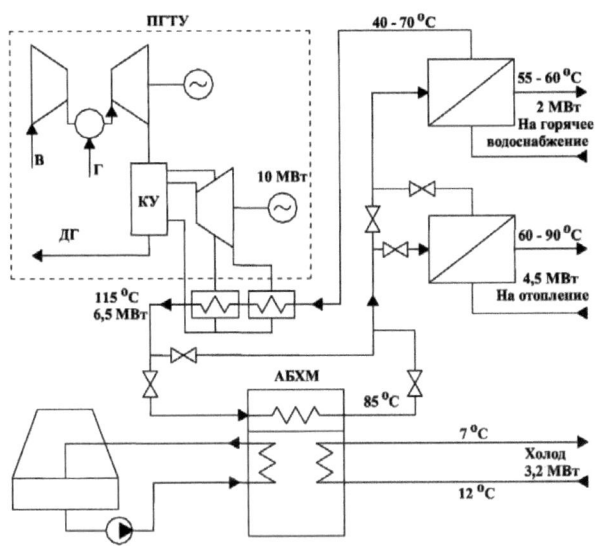

схема комплексной выработки электроэнергии, теплоты и холода на базе парогазотурбинных установок и АБХМ

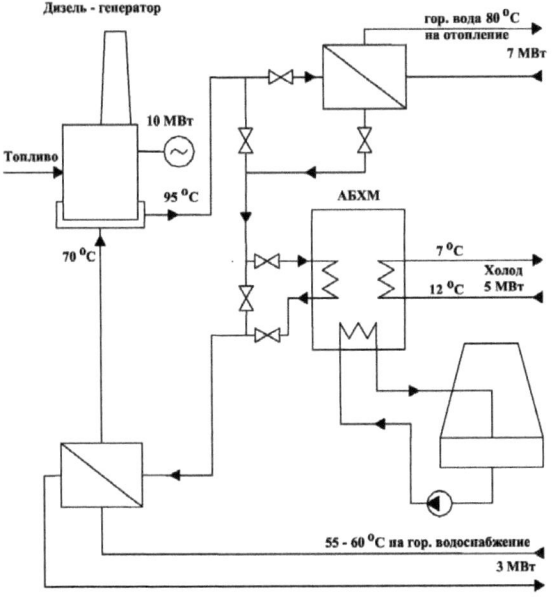

схема комплексной выработки электроэнергии, теплоты и холода на базе дизель-
генератора и АБХМ

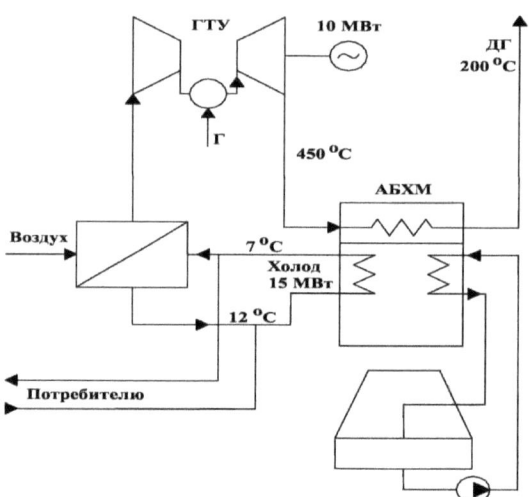

схема комплексной выработки электроэнергии, тепла и холода на основе газотурбин-
ной установки и АБХМ

Рис. 2.2. Энергосберегающие системы с использованием АБХМ нового поколения

Целью проведённого исследования было определение термодинамической эффективности АБХМ нового поколения в широком интервале изменения рабочих параметров.

Для достижения поставленной цели были выполнены следующие работы:

1. Создана комплексная модель и программа для определения значений эксергетических КПД АБХМ нового поколения различных схем.

2. Проведён численный эксперимент для принятых условий работы АБХМ. Обработаны результаты численного эксперимента с целью получения зависимостей эксергетических показателей от основных режимных параметров.

3.На основании результатов эксперимента определены направления совершенствования АБХМ.

Для решения поставленных задач принят эксергетический метод анализа.

На рис.2.3. представлены наиболее распространённые схемы современных АБХМ нового поколения, разработанные ООО «ОКБ Теплосибмаш».

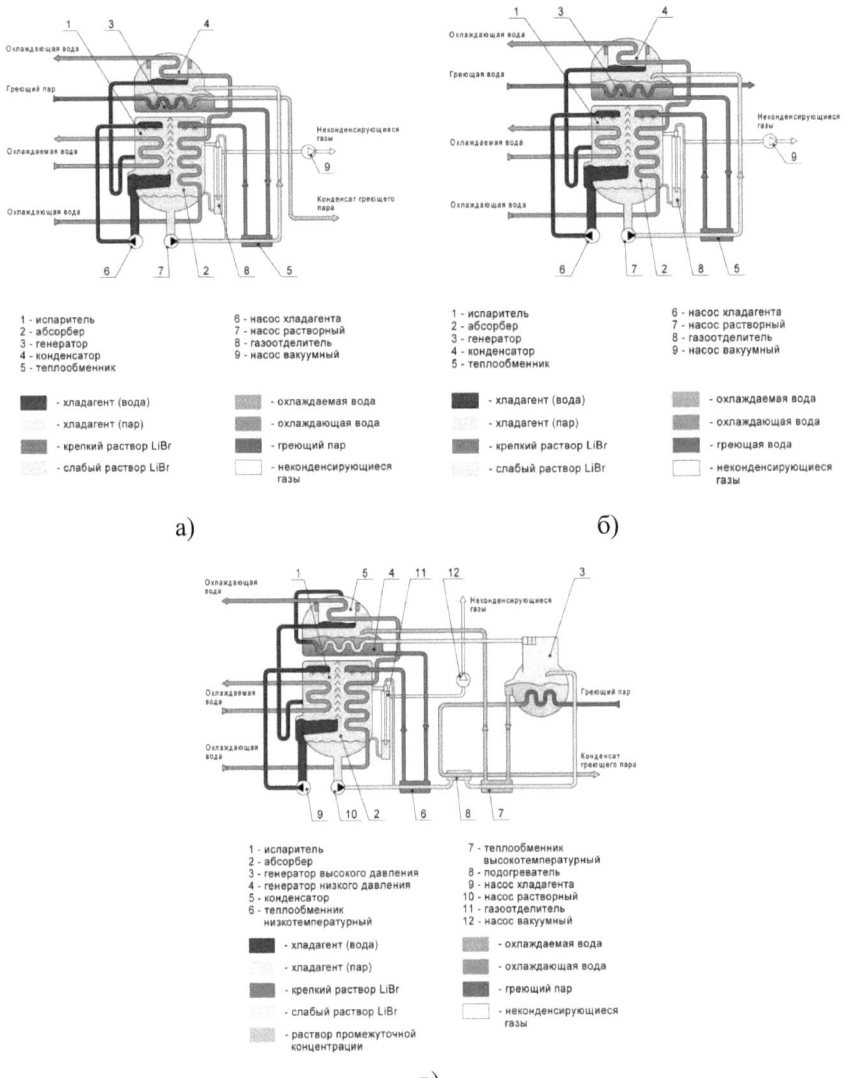

Рис.2.3.а) холодильная машина с одноступенчатой генерацией раствора с паровым обогревом АБХМ-П; б) холодильная машина с одноступенчатой генерацией раствора с водяным обогревом АБХМ-В; в) холодильная машина с двухступенчатой генерацией раствора с паровым обогревом АБХМ2-П.

Определение степени термодинамического совершенства проводилось на основе теплового и эксергетического анализа схем. При проведении анализа для сравнения были использованы результаты исследований и испытаний

39

абсорбционных бромистолитиевых холодильных машин, проведённых на кафедре холодильных машин и низкопотенциальной энергетики СПбГУНиПТ под рукрврдством д.т.н., профессора Л.С.Тимофеевского и ООО «ОКБ ТЕПЛОСИБМАШ» г. Новосибирск.

С целью получения информации о степени термодинамического совершенства АБХМ различных схем в большом диапазоне изменения рабочих параметров использовался метод моделирования.

На рис. 2.4. представлена блок-схема комплексной оценки АБХМ нового поколения. Блок-схема состоит из 5-ти основных блоков. Первый и второй блоки представляют собой модель теплового и эксергетического расчета АБХМ с одноступенчатой регенерацией раствора с паровым и водяным обогревом генератора. Третий и четвертый блоки – модель теплового и эксергетического расчета АБХМ с двухступенчатой регенерацией раствора с газовым обогревом генератора высокого давления. Пятый блок представляет собой сравнение результатов расчётов эксергетических КПД, полученных из предыдущих блоков, на основе которых дается рекомендация для использования той или иной схемы АБХМ в соответствующих условиях эксплуатации.

В соответствии с блок-схемой разработана модель и программа на языке Visual Basic.

Результаты численного эксперимента обработаны и представлены в виде зависимостей эксергетического КПД от рабочих параметров АБХМ (Рис.2.5., 2.6.)

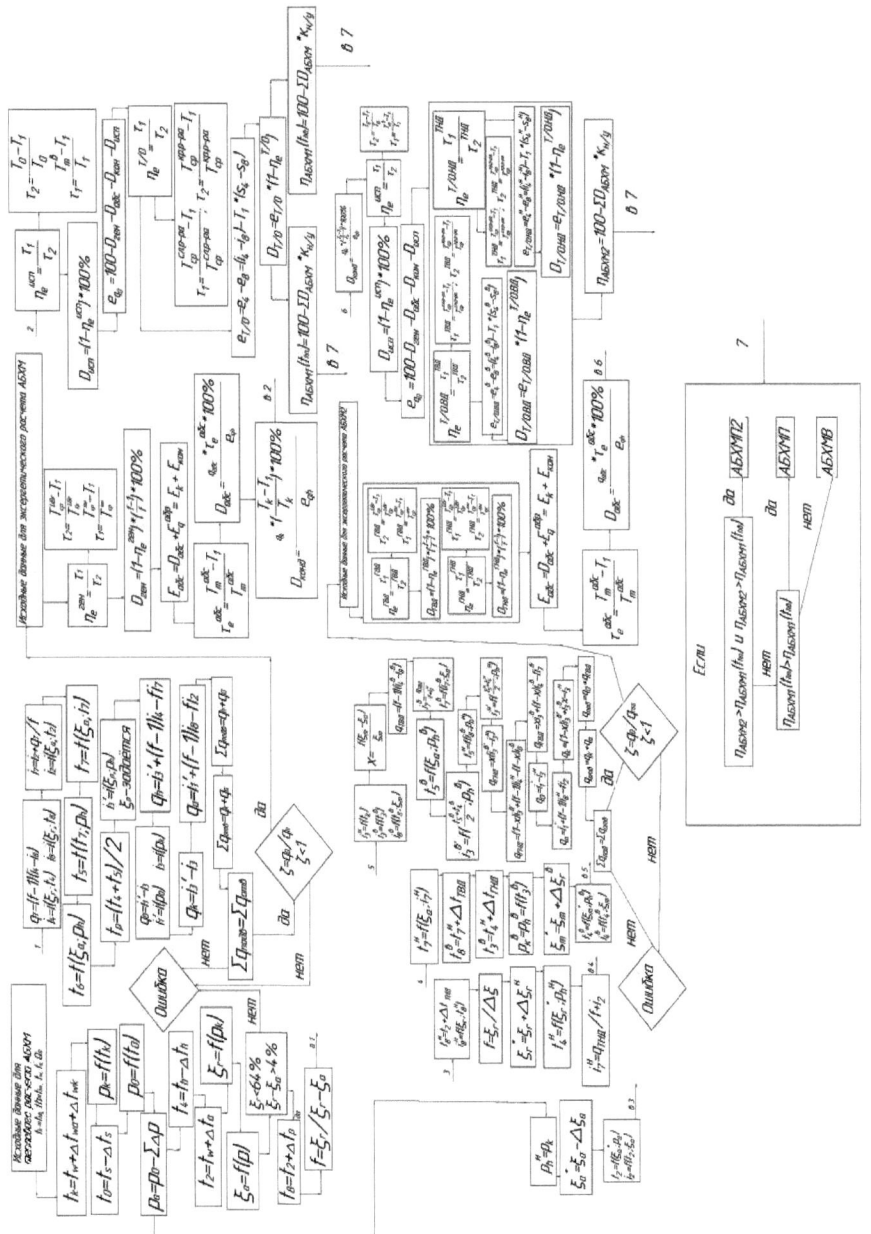

Рис. 2.4. Блок-схема оценки АБХМ нового поколения

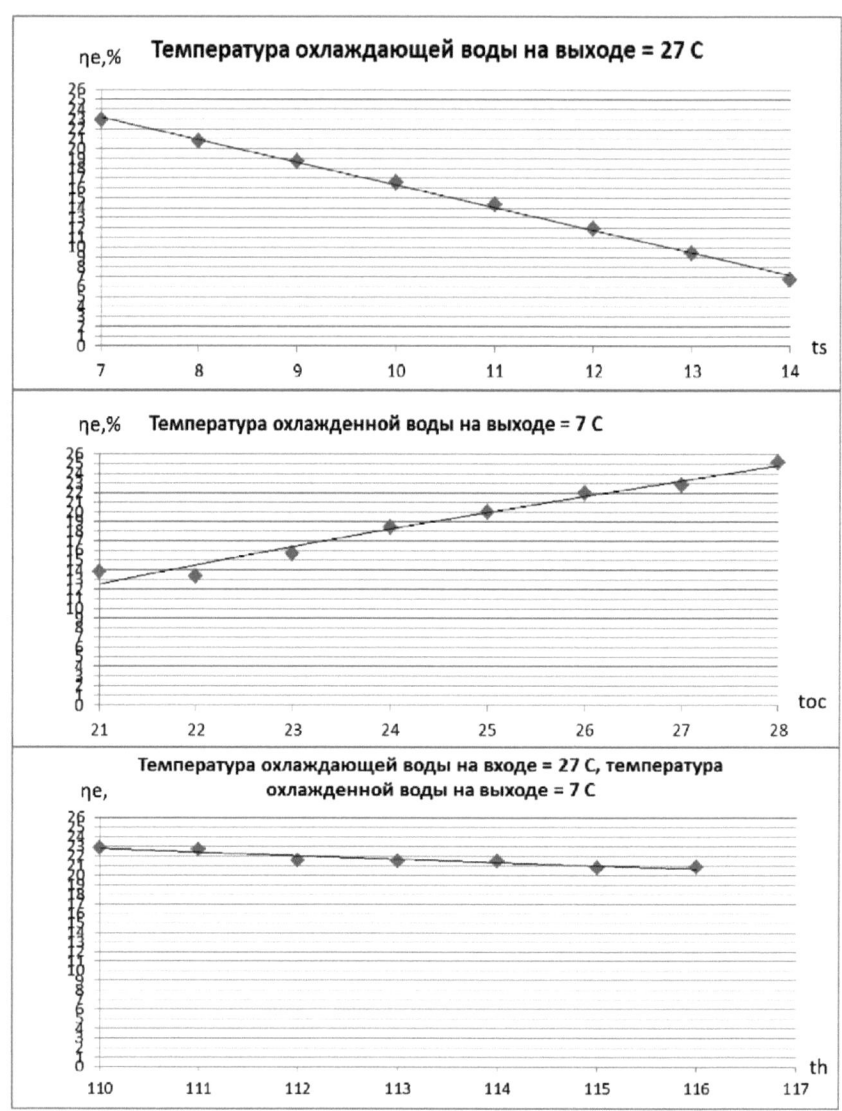

Рис. 2.5. Зависимости эксергетического КПД от основных рабочих параметров для АБХМ с одноступенчатой генерацией с паровым обогревом:

t_s - температура охлаждённой воды; t_{oc} - температура охлаждающей среды; t_h - температура греющего источника

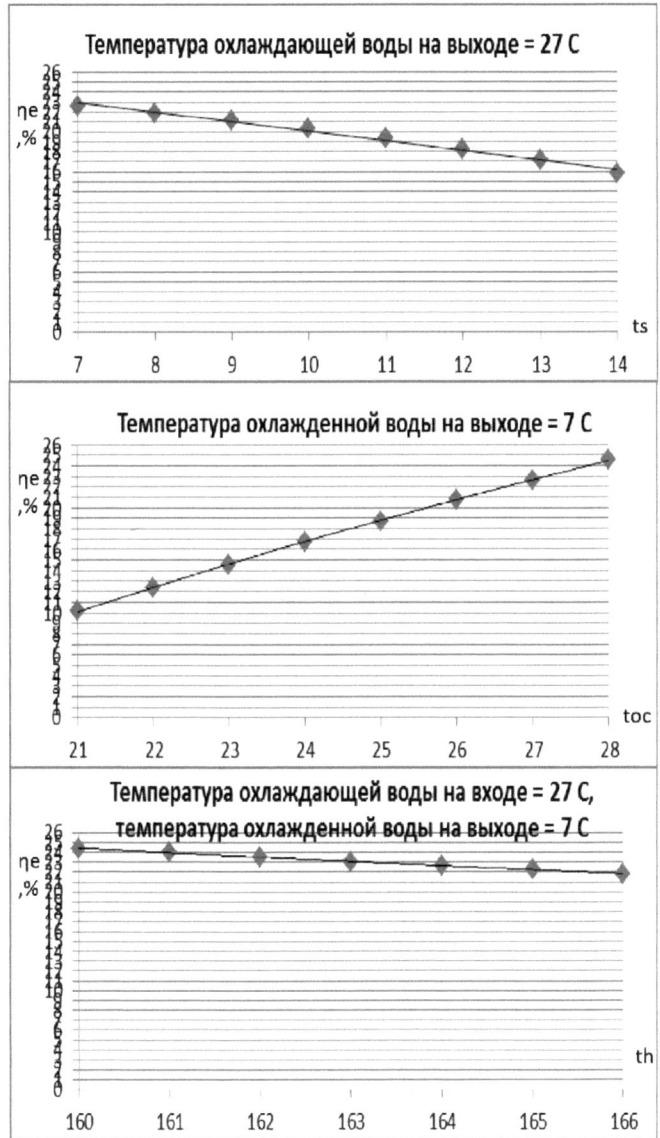

Рис. 2.6. Зависимости для АБХМ с двухступенчатой генерацией с паровым обогревом

Эксергетический КПД холодильных машин определялся методом последовательного вычитания потерь в элементах машины от 100% введенной в генераторе эксергии.

Объяснение характера зависимостей основано на классическом определении эксергии .

43

Как видно из первого графика, с ростом температуры охлажденной воды эксергетический КПД уменьшается. Это объясняется тем, что с уменьшением разности между температурами охлаждённой воды и окружающей среды при энтропии потока больше соответствующей энтропии окружающей среды, термическая составляющая эксергии уменьшается, т.е. работоспособность потока падает.

Из второго графика видно, что с ростом температуры охлаждающей среды эксергетический КПД растет. Это объясняется тем, что с повышением температуры охлаждающей воды или температуры окружающей среды разность между температурой потока в испарителе и температурой окружающей среды растёт, что характеризует повышение работоспособности потока.

На третьем графике представлена зависимость эксергетического КПД от температуры греющего источника. В условиях работы генератора давление ниже давления окружающей среды, но энтропия потока больше, чем при условиях окружающей среды. В этом случае наблюдается увеличение температурного перепада между температурой потока и окружающей среды. Однако, при этом в большей степени сказывается влияние механической составляющей эксергии, связанной с разностью давлений между давлениями в генераторе и окружающей среды. Поэтому, несмотря на увеличение разности температур, КПД снижается.

Сравнение полученных зависимостей выявило большую степень влияния температуры охлаждённой воды, т.к. относительный интервал её изменения наибольший.

Характер зависимостей эксергетического КПД от рабочих параметров АБХМ с двухступенчатой генерацией объясняется теми же причинами.

Численно эксергетические КПД для АБХМ с двухступенчатой генерацией раствора отличаются от значений для одноступенчатых машин вследствие того, что эксергетическая температурная функция генератора меньше из-за более высокой температуры греющего источника. Характер зависимостей сохраняется, но в большей степени влияет температура охлаждающей среды.

2.2. Анализ энергосберегающей автономной системы тригенерации на основе газотурбинной установки и бромистолитиевой абсорбционной холодильной машины с использованием эксергетического метода

Раздел основан на материалах диссертации на соискание учёной степени кандидата технических наук гражданина России Романа Борисовича Славина, защищённой в 2011 году.

В настоящее время известны отечественные и зарубежные автономные схемы тригенерации на базе эффективных энергетических установок и абсорбционных бромистолитиевых холодильных машин (АБХМ), основанные на современном промышленно выпускаемом оборудовании, однако комплексного исследования эффективности, оценки максимальных термодинамических возможностей систем для различных режимов работы не проводилось. Основными положительными качествами отечественных схем являются более полное использование энергии сжигаемого газа и лучшие экологические характеристики.

Поэтому к числу актуальных научных проблем, подлежащих решению в области низкопотенциальной энергетики и энергосбережения, относятся: исследование характеристик АБХМ, работающей на сбросном тепле энергетической установки, для условий предполагаемого использования; разработка метода и оценка степени термодинамического совершенства системы преобразования энергии топлива и тепловых сбросов парогазотурбинной установки (ПГТУ); расчёт показателей эффективности инвестиций в создание энергосберегающей системы, основанной на отечественном оборудовании.

Целью проводимых исследований был комплексный анализ эффективности применения АБХМ нового поколения в автономных системах тригенерации.

Для достижения поставленной цели решены следующие задачи:

1. Изучение современного состояния вопроса об эффективности использования АБХМ в автономных энергосберегающих системах по производству электроэнергии, тепла и холода;

2. Создание алгоритмов и программного обеспечения, используемого при постановке численного эксперимента по определению энергетических, термодинамических и экономических показателей работы системы и обработке полученной информации;

3. Анализ результатов исследования системы тригенерации при изменении внешних и внутренних параметров её работы, определение направлений уменьшения потерь.

Практическая ценность исследования заключается в том, что разработанная методика и программное обеспечение позволяют обоснованно рассчитать, подобрать элементы и определить эффективность энергосберегающей системы в соответствии с требованиями заказчика. Полученная на основании моделирования автономной энергосберегающей системы с применением АБХМ комплексная программа используется в учебном процессе при подготовке магистров по направлению «Энергомашиностроение», инженеров по специальности «Холодильная, криогенная техника и кондиционирование».

Объектом исследования была АБХМ для выработки холода с водяным обогревом и одноступенчатой схемой регенерации раствора с использованием сбросной теплоты парогазотурбинной установки (рис.2.7.).

Энергосберегающий эффект обеспечивается абсорбционной бромистолитиевой холодильной машиной с применением для обогрева генератора АБХМ элемента конденсатор–теплофикационный теплообменник, защищенного Патентом РФ № 92095 от 10 марта 2010г.

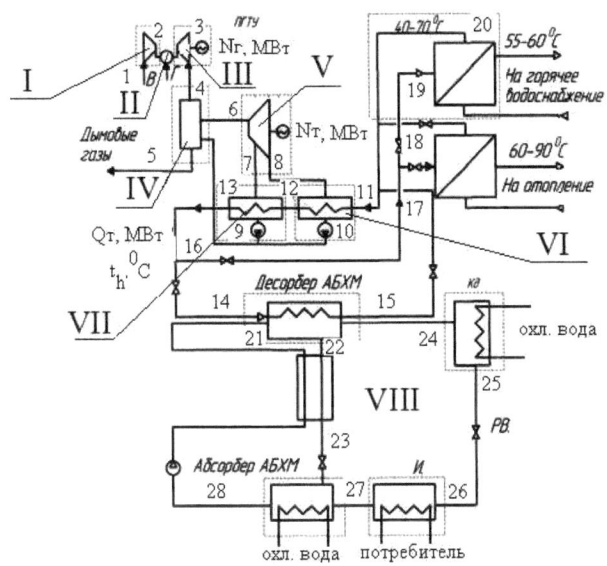

Рис.2.7. Система для комплексной выработки электроэнергии, тепла и холода на базе ПГТУ и АБХМ нового поколения: I - воздушный компрессор; II - камера сгорания газа ; III - газовая турбина; IV - котёл-утилизатор; V - паровая турбина; VI - конденсатор; VII –теплообменник; VIII - абсорбционная бромистолитиевая холодильная машина; 1…28 – точки состояния потоков

В конденсаторе и теплофикационном пароводяном теплообменнике происходит конденсация пара, идущего из паровой турбины за счёт обратной воды, поступающей из системы теплоснабжения. Благодаря полезному использованию теплоты конденсации поток обратной воды достигает температуры, необходимой для обогрева генератора АБХМ. Холодная вода, которую вырабатывает АБХМ, может быть применена в системе кондиционирования воздуха и для улучшения условий работы воздушного компрессора ПГТУ.

При проведении исследования совместной работы ПГТУ и АБХМ в составе энергосберегающей системы были проанализированы научные труды по исследованию и расчётам парогазотурбинных установок учёных Московского энергетического института (технический университет)(Соколов Е.В.,Мартынов В.А) и др. и результаты исследований и испытаний абсорбционных бромистолитиевых холодильных машин нового поколения, проведённых на кафедре холодильных машин и низкопотенциальной энергетики СПбГУНиПТ и ООО «ОКБ ТЕПЛОСИБМАШ» г. Новосибирск. Основные технические характеристики промышленных парогазотурбинных установок и АБХМ использованы в дальнейшем при разработке алгоритмов и программного обеспечения.

Использование эксергетического метода анализа позволило решить две задачи: определить максимальные термодинамические возможности и рассчитать потери эксергии вследствие необратимости процессов для различных условий работы; обосновать направления по сокращению этих потерь на основе моделирования системы. Особенность разработанной модели заключается в том, что она позволяет в отличие от проведённой ранее оценки термодинамической эффективности действительных циклов абсорбционной бромистолитиевой холодильной машины (Л.С.Тимофеевский, А.А.Дзино, В.Ф.Рожко, Ю.А.Вольных) учитывать связь АБХМ и ПГТУ, работающих в едином комплексе и оценивать их взаимное влияние.

Разработанная модель и комплексная программа позволяют определить основные энергетические, термодинамические и экономические характеристики элементов и системы тригенерации в целом с учётом различных видов и сочетаний влияющих факторов и количественно оценить степень термодинамического совершенства процессов. Суть модели заключается в следующем:

Электрическая мощность ПГТУ, МВт,

$$N_{ПГУ} = (N_г \cdot э_{пгу}) / э_{г.т.},$$

где $N_г$ – электрическая мощность газовой турбины;

$э_{пгу}$ – удельная выработка электрической энергии в теплофикационной ПГУ на единицу тепла, отведенного на теплоснабжение от паровой турбины;

$э_{г.т.}$ – удельная выработка электрической энергии в газовой турбине на единицу тепла, отведенного на теплоснабжение от паровой турбины.

Удельная эксергия подведённого топлива, кДж/м^3,

$$e_{qср} = q_{прод.сгор.} \cdot (T_3 - T_1) / T_3,$$

где $q_{прод.сгор}$, кДж/м^3 – удельная теплота сгорания метана;

T_3, К – температура газа на входе в газовую турбину;

T_1, К – температура окружающей среды.

Суммарные относительные эксергетические потери в элементах ПГУ определяли по значениям эксергетических КПД происходящих в них процессов теплопередачи, сжатия и расширения.

При этом величина каждой потери определялась как удельная, отнесённая к эксергии подведённого топлива, %,

$$\sum D_{ПГТУ} = D_{г.т.} + D_{п.т.} + D_{т/о} + D_{конд} + D_{к.у.} + D_{д.г.} + \Delta e_{гор.вс.},$$

где $D_{г.т.}$ – потери эксергии в газовой турбине;

$D_{п.т.}$ – потери эксерги в паровой турбине;

$D_{т/о}$, $D_{конд}$ – потери эксергии в теплофикационном теплообменнике и конденсаторе ПГТУ соответственно;

$D_{к.у}$ – потери эксергии в котле-утилизаторе;

$D_{д.г.}$ – потери эксергии с дымовыми газами;

$\Delta e_{гор.вс.}$ – эксергия потока тепла системы теплоснабжения.

Удельная остаточная эксергия, подведённая к генератору АБХМ,%,

$$e_{ген.}^{подв.} = e_{qт} - \sum D_{ПГУ} - (e_{г.т} + e_{п.т.})$$

где $e_{qт} = 100 + e_{км}$ – относительное значение эксергии, подведённой к ПГУ, с учётом работы компрессора;

$(e_{г.т} + e_{п.т.})$ – суммарная выработка электроэнергии газовой и паровой турбинами на единицу отведённого тепла.

Тепловая нагрузка на генератор АБХМ, кВт,

$$Q_h = \eta_т \cdot Q_т,$$

где $\eta_т$ – коэффициент, учитывающий потери при передаче тепла из одной системы в другую;

$Q_т$, - тепловой отбор из паротурбинного цикла.

Холодопроизводительность, Q_0,кВт, и тепловой коэффициент ζ определяли в результате поверочного расчёта АБХМ с учётом результатов испытаний.

Суммарные потери в основных элементах АБХМ с точки зрения их распределения рассматривали как внутренние и внешние. При этом величина каждой потери определялась как удельная, отнесённая к остаточной эксергии, подведённой к генератору АБХМ, %,

$$\sum D_{АБХМ} = D_{ген} + D_{конд} + D_{абс} + D_{исп},$$

где $D_{ген}$, $D_{конд}$, $D_{абс}$, $D_{исп}$ – потери эксергии в генераторе, конденсаторе, абсорбере, испарителе соответственно.

Удельная эксергетическая холодопроизводительность и эксергетический КПД АБХМ, %,

$$\eta_{АБХМ} = e_{q0} = e_{ген.}^{подв.} - \sum D_{АБХМ} \cdot к_{н/у}$$

где $к_{н/у}$ – коэффициент неучтённых потерь.

Коэффициент эффективности применения АБХМ в составе энергосберегающей системы тригенерации,%,

$$(\eta_{АБХМ} / \eta_{ПГТУ}) \cdot 100,$$

тде $\eta_{ПГУ} = e_{г.т} + e_{п.т.} + \Delta e_{гор.вс.}$

Для реализации программы определены зависимости термодинамических свойств двуокиси углерода, воды, водного раствора бромистого лития в интервале изменения параметров, соответствующем работе энергосберегающей системы. Ниже приведен вид основных зависимостей (уравнений):

(1-6) $f(p,t) = A*p^2*t + B*t^3 + C*t^2 + D*t + E*p*t + F*p*t^2 + G + H*p + I*p^2 + J*p^3$;

(7) $f(t_k) = A + B*t_k + C*t_k^2 + D*t_k^3 + E*t_k^4$;

(8) $f(t_o) = (A + B*t_0)/(1 + C*t_0 + D*t_0^2)$;

(9) $f(p_k) = A + B*p_k + C*p_k^2 + D*p_k^3 + E*p_k^4$;

(10) $f(p) = 65 - ((A + B*p)/(1 + C*p + D*p^2))*5$.

f	A	B	C	D	E	F	G	H	I	J
1. i_{CO_2}	$-2,49*10^{-3}$	$-1,71*10^{-7}$	$6,88*10^{-4}$	$0,38$	$0,07$	$-2,34*10^{-5}$	$597,78$	$-10,73$	$-1,006$	$0,09$
2. V_{CO_2}	$7,22*10^{-6}$	$-3,41*10^{-10}$	$1,13*10^{-6}$	$-2,15*10^{-4}$	$1,68*10^{-5}$	$8,16*10^{-8}$	$1,05$	$-0,34$	$0,05$	$-2,96*10^{-3}$
3. S_{CO_2}	$2,37*10^{-5}$	$-4,21*10^{-9}$	$6,68*10^{-6}$	$-3,75*10^{-4}$	$-4,12*10^{-4}$	$6,39*10^{-8}$	$3,25$	$-0,15$	$0,03$	$-2,19*10^{-3}$
4. i_{H_2O}	$-1,71*10^{-4}$	$1,09*10^{-6}$	$-1,33*10^{-3}$	$2,43$	$0,05$	$-2,72*10^{-5}$	$2,45*10^{3}$	$-15,43$	$2,24*10^{-3}$	$1,32*10^{-3}$
5. V_{H_2O}	$6,91*10^{-4}$	$2,19*10^{-10}$	$-7,18*10^{-7}$	$8,71*10^{-3}$	$-4,38*10^{-3}$	$-9,95*10^{-8}$	$1,39$	$0,35$	$-0,72$	$0,16$
6. S_{H_2O}	$-1,23*10^{-8}$	$1,89*10^{-9}$	$-4,72*10^{-6}$	$6,06*10^{-3}$	$1,9*10^{-5}$	$3,65*10^{-8}$	$6,93$	$-0,18$	$5,98*10^{-3}$	$-7,25*10^{-5}$
7. P_k	$0,32$	$0,07$	$9,3*10^{-4}$	$1,30*10^{-5}$	$6,96*10^{-7}$	0	0	0	0	0
8. P_0	$0,31$	$3,42$	$4,93$	$-0,22$	0	0	0	0	0	0
9. ξ_r	$77,59$	$-1,47$	$3,29*10^{-2}$	$-4,02*10^{-4}$	$0,17*10^{-5}$	0	0	0	0	0
10. ξ_a	$0,09$	$6,28$	$1,38$	$-0,24$	0	0	0	0	0	0

Уравнения для рабочего интервала исходных данных были получены с использованием программы CVXPT32, для проверки точности расчётов по свойствам бромистого лития сравнение вели с аппроксимационными зависимостями Рожко В.Ф., ДолотоваА.Г., Тимофеевского Л.С.

Укрупнённый вариант блок-схемы программы приведён на рис.2.8.

Программа разработана на языке Visual Basic, объём программы 1Мб. Определение адекватности разработанной программы проводили путем сравнения результатов программного и ручного расчётов на основе результатов испытаний. Расхождение в результатах расчётов составляет в среднем 7%.

Исходя из предполагаемого назначения энергосберегающей системы, в качестве внешних параметров приняты температура и влажность наружного воздуха. Интервал изменения параметров определён величиной расчётных температуры и влажности наружного воздуха для установок кондиционирования 2-ого класса.

В качестве внутренних параметров выбраны отношения температур входящих и выходящих потоков T_4/T_3, $T_т/T_0$, характеризующие работу газовой и паровой турбин в зависимости от давления на входе в паровую турбину P_{10} и разности средних температур между газом и пароводяным потоком в парогенераторной установке $\Delta T_{ср}$.

Модель и программа состоят из 3 основных частей:

1. Тепловой расчёт энергосберегающей системы;

2. Определение показателей термодинамической эффективности;

3. Оценка эффективности инвестиционных вложений в создание энергосберегающей системы;

При тепловом расчете ПГУ предусмотрен контроль за соблюдением граничных параметров, в случае невыполнения которых установка не будет генерировать полезную электрическую энергию. В работе холодильной машины эти ограничения связаны с особенностями работы АБХМ.

В термодинамической части расчёта программы необходимо контролировать такой параметр, как коэффициент эффективности использования АБХМ, как энергосберегающей технологии, по которому судят о состоянии термодинамического совершенства системы в целом.

В соответствии с разработанной программой энергетические и термодинамические характеристики системы могут быть определены при любом сочетании влияющих факторов, что позволяет производить комплексный анализ по всем показателям.

Особенностью исследуемой системы является то, что в ней обеспечивается круглогодичный постоянный отбор тепла от конденсатора ПГУ, что определяет постоянство её основных энергетических показателей: суммарной удельной выработки электроэнергии газовой и паровой турбинами на единицу отведённого тепла и электрической мощности, что подтверждено результатами расчётов по программе.

Связи и взаимодействие в работе между АБХМ и ПГУ определяли с помощью относительных характеристик.

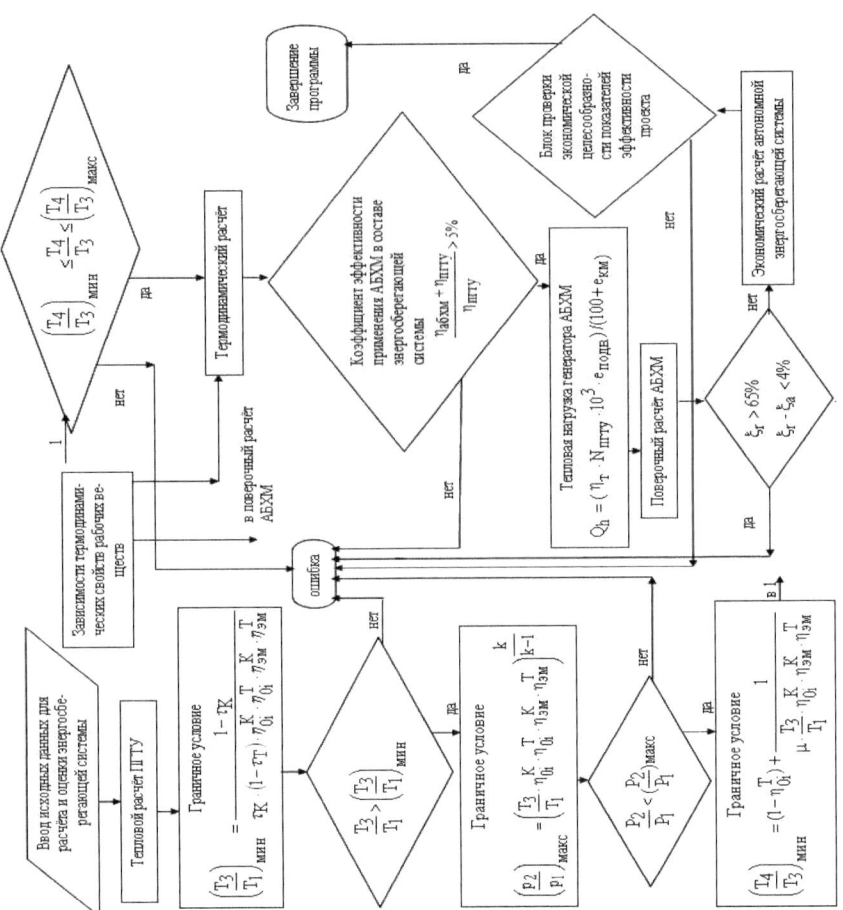

Рис. 2.8. Укрупнённый вариант блок-схемы программы

Приведённые на рисунках зависимости являются примером обработки результатов исследования при соблюдении условия $P_{10} = 3$ МПа, $\Delta T_{ср} = 90$ К. Относительная характеристика энергосберегающей системы приведена в виде изменения величины $Q_0/N_{ПГТУ}$ от изменяющихся параметров окружающей среды (рис.2.9).

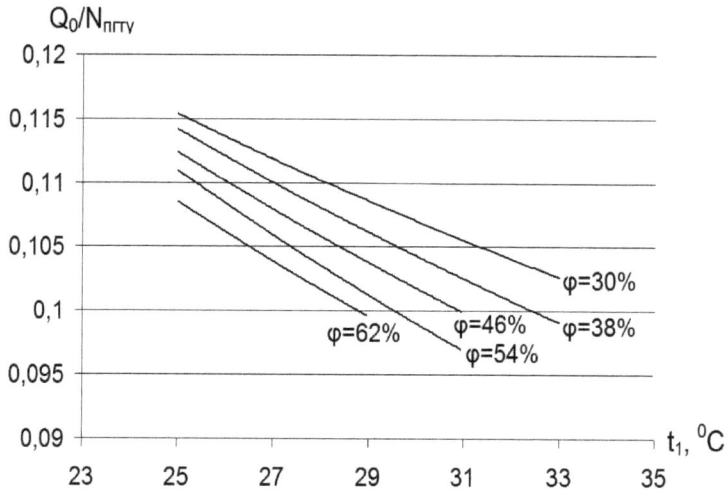

Рис.2.9. Относительная характеристика энергосберегающей системы

Холодопроизводительность АБХМ определяется величиной в 15-17% от мощности ПГУ для различных рабочих условий

Степень термодинамического совершенства системы преобразования эксергии топлива в эксергетическую холодопроизводительность АБХМ определяли по отношению e_{q0} / $e_{qт}$. Характер зависимости определяется изменением эксергетических потерь в элементах ПГУ и АБХМ. Суммарные потери эксергии в ПГУ в заданном интервале изменения внешних параметров остаются практически постоянными, среднее значение $\sum D_{ПГУ} = 47\%$.

Эксергетические потери в АБХМ в соответствии с моделью системы определяются в долях потока эксергии, подведённого к генератору, с учётом эксергетических температурных функций τ_e, характеризующих процесс теплообмена в аппаратах. Чтобы установить характер изменения потерь был проведён анализ эксергетического температурного напора в аппаратах в зависимости от параметров наружного воздуха и расчётных параметров сред, участвующих в процессе теплообмена.

Для процессов, протекающих в аппаратах АБХМ:

$$\Delta\tau_e = \tau_{e\,1} - \tau_{e\,2} \;\; = \;\; T_1 \left| \, (\, 1 \, / \, T_{n1}) \, - \, (\, 1 \, / \, T_{n2} \,) \, \right| \,,$$

где T_1 – температура окружающей среды; T_{n1}, T_{n2} – температуры потоков,

Изменение эксергетического температурного напора приведёно на рис.2.10.

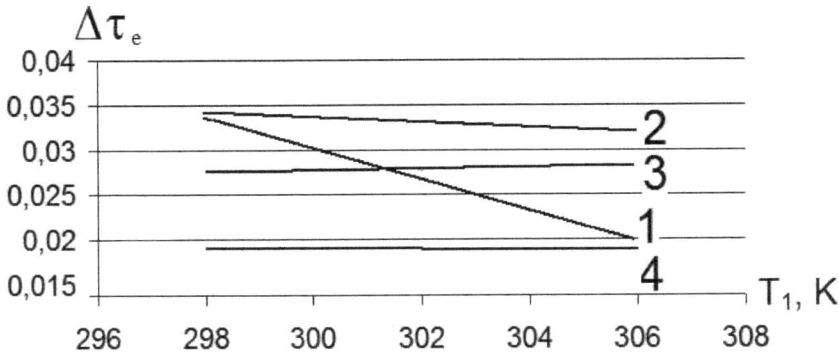

Рис.2.10. Изменение эксергетического температурного напора по аппаратам АБХМ

1 -.генератор; 2- абсорбер; 3- испаритель; 4- конденсатор

Характер изменения эксергетического температурного напора предполагает различную закономерность изменения эксергетических потерь в аппаратах. При значениях температур потоков выше температуры окружающей среды с её ростом эксергетический температурный напор падает (генератор, абсорбер), при этом потери снижаются; при температурах потоков ниже температуры окружающей среды эксергетический температурный напор растёт (испаритель), при этом потери растут.

В качестве иллюстрации приведены результаты расчётов потерь в генераторе (рис.2.11). При уменьшении $\Delta\tau_e$ в генераторе на 40%, эксергетические потери уменьшаются на 25%.

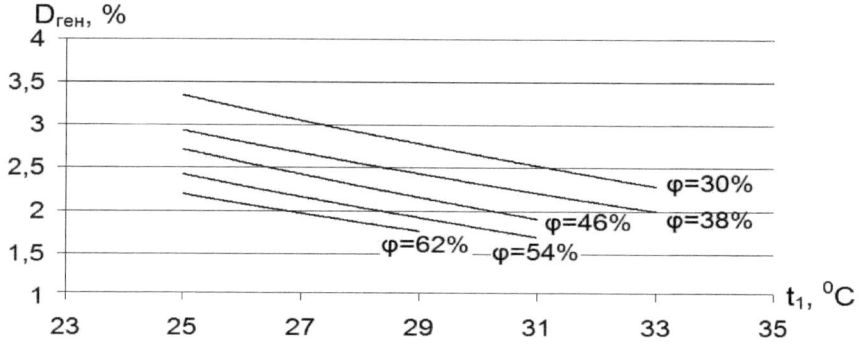

Рис.2.11. Эксергетические потери в генераторе

На рис.2.12. приведена зависимость, связывающая, суммарные эксергетические потери в АБХМ и ПГУ. На основании полученной зависимости можно считать, что уменьшение суммарных эксергетических потерь в АБХМ ведёт к снижению потерь в системе в целом.

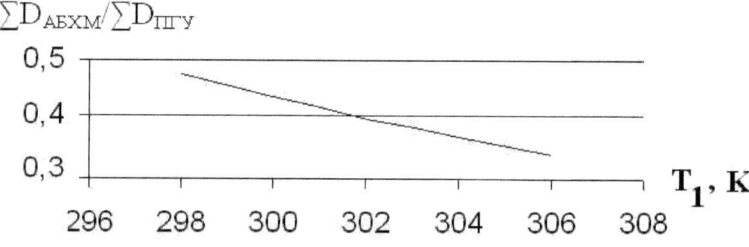

Рис.2.12. Соотношение между эксергетическими потерями в АБХМ и ПГТУ

В связи со снижением суммарных эксергетических потерь в АБХМ поток эксергии e_{q0}, подведённый к испарителю, возрастает, чем объясняется вид зависимости на рис.2.13.

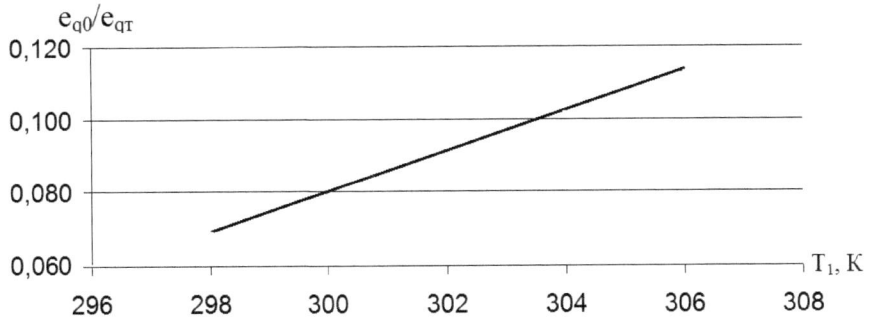

Рис.2.13. Степень эксергетического совершенства процесса преобразования эксергии топлива в эксергетическую холодопроизводительность

Коэффициент эффективности применения АБХМ в автономной системе тригенерации определён как отношение эксергетических КПД холодильной машины и парогазовой установки, %,

$$(\eta_{АБХМ} \;/\; \eta_{ПГУ})\cdot 100$$

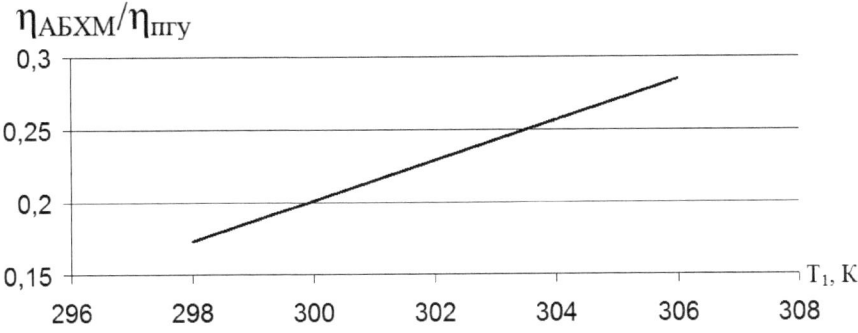

Рис.2.14. Коэффициент эффективности применения АБХМ в автономной системе тригенерации

На основании анализа приведённых зависимостей можно сделать следующие выводы: при совместной работе АБХМ и ПГУ улучшаются энергетические характеристики энергосберегающей системы; степень термодинамического совершенства системы преобразования эксергии топлива (сбросного тепла) ПГУ в эксергетическую холодопроизводительность АБХМ в заданном интервале изменения внешних факторов $0< \eta_{АБХМ} <1$, что характеризует реальные процессы; коэффициент эффективности применения АБХМ в составе автономной системы тригенерации находится в пределах 22 %, что является вполне приемлемым показателем для энергосберегающих систем. Внутренние параметры в виде отношения температур входящих и выходящих потоков T_4/T_3=0,618…0,718 и $T_т/T_0$=0,669…0,725 характеризуют работу газовой и паровой турбин в интервале изменения давления на входе в паровую турбину P_{10}= 3…7 МПа и разности средних температур между газом и пароводяным потоком в парогенераторной установке $\Delta T_{ср}$=75…135 К.

Как установлено расчётом, увеличение коэффициента эффективности при изменении внутренних параметров является незначительным, находится в пределах точности расчётов по программе.

Экономическая оценка целесообразности использования энергосберегающей системы с применением АБХМ для различных регионов установлена путём определения показателей эффективности инвестиций. Для условий Астраханской области основные полученные показатели экономической эффективности соответствуют существующим нормам.

2.3. Выводы к главе 2

1. Разработанные модель и программа позволят определить величины эксергетических КПД элементов и АБХМ различных типов в целом с достаточной степенью точности.

2. Использование результатов численного эксперимента в широком диапазоне применения АБХМ позволит определить пути совершенствования теплообменной поверхности аппаратов, в частности, возможность использования пластинчатых теплообменников.

3. Анализ результатов исследования показал достаточно высокую термодинамическую эффективность АБХМ нового поколения.

4. В работе по исследованию энергосберегающей системы обосновано применение абсорбционных бромистолитиевых холодильных машин нового

поколения, выпускаемых фирмой ООО ОКБ «Теплосибмаш», использующих для обогрева генератора сбросное тепло ПГУ (Патент РФ № 92095 от 10 марта 2010г).

5. Возможность эффективного использования абсорбционных холодильных машин в системах энергосбережения доказана на основе результатов системного анализа и моделирования.

6. Разработанная модель, комплексная программа и численный эксперимент позволяют определить основные энергетические, термодинамические и экономические характеристики элементов и системы в целом с учётом различных видов и сочетаний влияющих факторов и коэффициент эффективности использования АБХМ в составе системы тригенерации.

7. Присоединение АБХМ к ПГУ с целью осуществления принципа тригенерации во всей назначенной области работы системы улучшает показатели работы ПГУ и обеспечивает одновременную выработку электроэнергии, тепла и холода с достаточной степенью термодинамического совершенства.

8. Коэффициент эффективности применения АБХМ совместно с ПГУ в составе автономной энергосберегающей системы в исследуемом интервале изменения влияющих факторов изменяется в пределах 25%.

9. Оценка эффективности инвестиционных вложений в создание энергосберегающей системы для Астраханской области отражается следующими показателями: чистый дисконтированный доход проекта, равный 346112 т.р., внутренняя норма доходности, равная 47 %, индекс доходности дисконтированных инвестиций, равный 2,97 и дисконтированный срок окупаемости, равный 5 годам.

Глава 3 ЭКСЕРГЕТИЧЕСКИЙ АНАЛИЗ АБСОРБЦИОННОЙ ВОДОАММИАЧНОЙ ХОЛОДИЛЬНОЙ МАШИНЫ В СИСТЕМЕ СИНТЕЗА АММИАКА

Современное производство синтетического аммиака состоит из ряда последовательных технологических стадий, сосредоточенных в отдельных блоках: сероочистки природного газа, конверсии метана в трубчатой печи, паровоздушной каталитической конверсии метана в шахтном конверторе, двухступенчатой каталитической конверсии CO (среднетемпературной и низкотемпературной), абсорбционной очистки синтез-газа от CO_2, метанирования остаточных CO и CO_2, компрессии и синтеза аммиака, объединенных по технологическому принципу и, кроме того, по энергетическому – единой системой парового цикла.

Характерной особенностью блока отделения синтеза аммиака является то, что здесь образуется и выделяется жидкий аммиак – товарный продукт. От остальных стадий производства синтез аммиака отличается применением высокого давления, наличием циркуляционного газового контура и использованием холода. На этой стадии выделяется и утилизируется наибольшее количество реакционного тепла. Производство холода обеспечивает абсорбционная водоаммиачная холодильная машина (АВХМ), работающая на использовании тепла конвертированного газа, идущего из конвертора оксида углерода. Блок синтеза характеризуется применением сложной и разнообразной реакционной и теплообменной аппаратуры, для изготовления которой используются высококачественные стали. В качестве исследуемой системы принята схема синтеза аммиака в г. Невинномысске, Россия.

3.1. Схема синтеза аммиака и действие холодильной машины.

Схема установки синтеза аммиака представлена на рис.3.1. Природный газ, сжатый компрессором до давления 4,2 *МПа*, направляют в подогреватель, откуда он при 380-400 °C поступает на очистку от сераорганических соединений гидрированием, которое проводят на алюмо-кобальт-молибденовом катализаторе при температуре 400 °C.

Образующийся сероводород поглощается оксидом цинка. После сероочистки в природный газ дозируется пар и парогазовая смесь, предварительно подогретая за счет тепла дымовых газов до 510-525 °C, и далее его направляют в трубчатую печь, в реакционных трубах которой па никелевом катализаторе при 860 °C ведут процесс паровой конверсии природного газа.

Тепло, необходимое для процесса конверсии метана, получают за счет сжигания топливного газа в горелках, размещенных между рядами реакционных труб. В конверсионной зоне печи размещена теплоиспользующая аппаратура, включающая подогреватели природного газа, воздуха и пароперегреватель для получения пара давлением 10,3 МПа, необходимого для привода азото-водородного компрессора.

Конвертированный газ, содержащий 9-11% CH_4, из трубчатой печи подается в шахтный конвертор, где на никелевом катализаторе проводят конверсию метана с кислородом воздуха и паром при температуре 900-1000 °C.

Остаточное содержание метана в сухом конвертированном газе составляет 0,35-0,55%. Тепло конвертированного газа после конвертора метана II ступени используют для получения энергетического пара в котле-утилизаторе. Температура газа после котла-утилизатора составляет 360-380 °C. В этом котле за счет тепла, выделяющегося при охлаждении конвертированной парогазовой смеси, вырабатывается насыщенный пар давлением 10,3 МПа, который направляется в паросборник.

Далее конвертированный газ поступает на конверсию оксида углерода, которую ведут по двухступенчатой схеме: I ступень - на среднетемпературном катализаторе, II - на низкотемпературном. Перед конвертором газ проходит увлажнитель, в который при температуре после котлов выше 380 °C впрыскивают конденсат.

Для уменьшения диаметра аппарата и снижения потерь давления на I ступени принят конвертор CO радиальной конструкции. В нем на железохромовом катализаторе при температуре на выходе не выше 450 $°C$ проходит конверсия оксида углерода с водяным паром.

Остаточное содержание CO в парогазовой смеси после конвертора I ступени составляет не более 4%. Тепло отходящего газа используют для получения насыщенного пара давлением Р=10,3 $МПа$ в котле-утилизаторе, при этом парогазовая смесь охлаждается до 330 $°C$. Затем ее охлаждают до 205-220 $°C$ в теплообменнике, нагревая при этом очищенный от CO_2 конвертированный газ перед метанатором.

Охлажденная парогазовая смесь поступает в конвертор CO II ступени, верхний слой катализатора которого предназначен для сероочистки. Это необходимо, поскольку низкотемпературный катализатор чувствителен к серосодержащим соединениям (допустимое их содержание в конвертированном газе перед низкотемпературной конверсией — не более 0,2 $мг/м^3$). В зоне катализа конвертора CO II ступени на цинк-хром-медном катализаторе при температуре 200-260 $°C$ происходит конверсия оксида углерода с водяным паром до содержания CO в конвертированном газе 0,3-0,6% (на сухой газ).

После конвертора CO II ступени парогазовая смесь при температуре не более 260 $°C$ направляется в кипятильник раствора моноэтаноламина, затем конвертированный газ отделяется от газового конденсата в сепараторе и направляется в абсорбционную холодильную станцию, с целью получения холода, необходимого для выделения аммиака после колонны синтеза.

Охлажденный газ далее подается на очистку для удаления из него CO_2 раствором моноэтаноламина.

Температуру процесса абсорбции поддерживают в пределах 25-40 $°C$. Конвертированный газ под давлением 2,7 $МПа$ при 40 $°C$ подается в абсорбер с сетчатыми тарелками, орошаемый 20%-ным раствором моноэтаноламина при температуре не выше 40 $°C$. Регенерацию отработанного раствора моноэтаноламина проводят его нагреванием до 127 $°C$ в кипятильнике с последующим выделением CO_2 в регенераторе. Для очистки конвертированного газа от CO_2

на ряде агрегатов применяют горячие растворы карбоната калия.

После очистки от CO_2 конвертированный газ, содержащий до 0,6% CO и 0,03% CO_2, подастся в теплообменник парогазовой смеси после парового котла I ступени конверсии CO, где нагревается до 280 °C, а затем в метанатор. Тонкую очистку от оксида и диоксида углерода проводят гидрированием их до метана (метанирование).

В метанаторе газ проходит слой никель-алюминиевого катализатора. На выходе на метанатора газ содержит не выше 20 млн. долей CO и 5 млн. долей CO_2. Температура в метанаторе за счет тепла экзотермической реакции окисления CO поднимается до 350 °C. Очищенная азото-водородная смесь из метанатора поступает в межтрубное пространство подогревателя питательной воды, где охлаждается до 60 °C, и затем на аппарат воздушного охлаждения и сепаратор.

После отделения газового конденсата во влагоотделителе газ направляется на I ступень трехкорпусного центробежного компрессора азото-водородной смеси, совмещенного с циркуляционным колесом (привод от паровой конденсационной турбины). На входе в компрессор свежая азото-водородная смесь имеет давление 2,4 $МПа$ и температуру не выше 43 °C. После первой ступени компрессора газ имеет давление 4,8-5,0 $МПа$, после второй - 10,0 $МПа$, после третьей - 22,0 $МПа$ и после четвертой - 314 $МПа$. Поскольку при компримировании газ нагревается до 150 °C, то после каждой ступени он охлаждается в воздушном холодильнике, сконденсировавшаяся влага отделяется в сепараторе. После I ступени компрессора часть азото-водородной смеси отбирается в отделение сероочистки.

Пар давлением 10,3 $МПа$ для привода турбины поступает из пароперегревателя риформинга. Отработанный пар давлением 4,0 $МПа$ направляется на технологические нужды и приводы ряда компрессоров, насосов и т. д. Часть пара поступает в конденсационную турбину, где, отдав свою энергию на вращение колес компрессора, направляется в конденсатор воздушного охлаждения. Особую роль в схеме играет блок синтеза аммиака. Свежая азото-водородная смесь из IV ступени компрессора, содержащая 74% H_2, 24,5% N_2, до 25 млн. долей CO и CO_2, до 1% CH_4 и 0,3% Ar после охлаждения в воздушном холодильнике направляется в отделение (блок) синтеза аммиака и поступает в нижнюю часть конденсационной колонны, где барботирует через слой жидкого аммиака для дополнительной очистки от следов влаги и диоксида углерода, после чего смешивается с циркуляционным газом.

Смесь свежего и циркуляционного газа из конденсационной колонны поступает в выносной теплообменник, а затем в колонну синтеза, где происходит экзотермическая реакция образования аммиака из азото-водородной смеси.

Газовая смесь, содержащая 15-16% NH_3 после колонны проходит подогреватель питательной воды, выносной теплообменник и поступает в аппарат воздушного охлаждения - I конденсатор. Сконденсировавшийся аммиак отделяется в сепараторе, а газовая смесь, содержащая 11-12% NH_3, идет на циркуляционное колесо азото-водородного компрессора.

Из колеса циркуляционного компрессора газ, пройдя воздушный холодильник, идет во II конденсационную систему, состоящую из конденсационной колонны и испарителя жидкого аммиака. В испарителе газ проходит U-образные трубки, охлаждается до -5 °C за счет испарения аммиака, кипящею в межтрубном пространстве при температуре -10 °C.

Из трубного пространства испарителя смесь охлажденного циркуляционного газа, содержащая 4-5% NH_3, и сконденсировавшегося аммиака поступает в сепарационную часть конденсационной колонны, где происходит отделение жидкого аммиака от газа, идущего далее в теплообменник конденсационной колонны, в котором отдаст холод поступающему на конденсацию циркуляционному газу.

Жидкий аммиак, выделившийся в сепараторах, дросселируется и поступает в сборник жидкого аммиака, откуда подается на склад готовой продукции. Газообразный аммиак из испарителя поступает на абсорбционную холодильную установку, откуда жидкий аммиак направляется в испаритель.

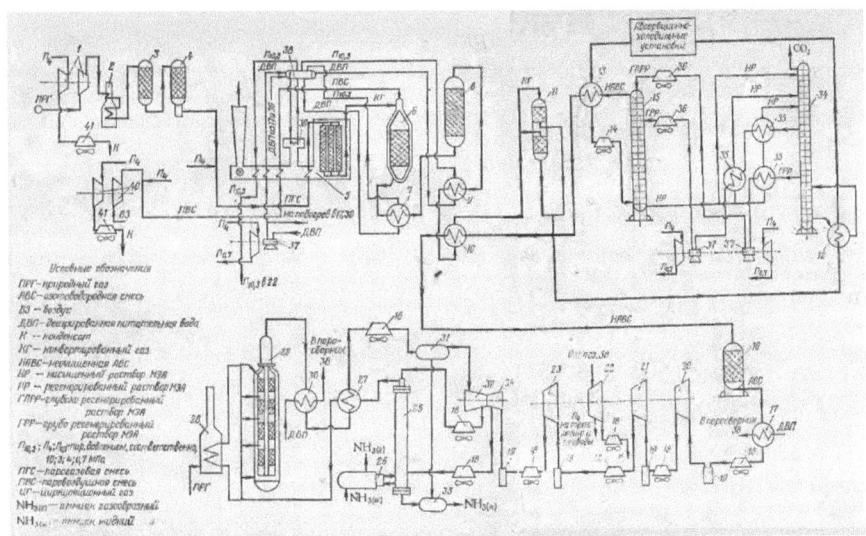

Рис.3.1.. Принципиальная схема синтеза аммиака.

1 – компрессор природного газа; *2* – подогреватель; *3* – аппарат гидрирования сераорганических соединений; *4* – адсорбер сероводорода; *5* – трубчатая печь с блоком теплоиспользующей аппаратуры; *6* – конвертор метана; *7,9* – котлы-утилизаторы; *8* – конвертор оксида углерода I ступени; *10* – подогреватель; *11* – конвертор оксида углерода II ступени; *12* – кипятильник; *13* – подогреватель; *14* – аппарат воздушного охлаждения; *15* – абсорбер; *16* – метанатор; *17* – подогреватели; *18* – аппарат воздушного охлаждения; *19* – сепаратор; *20* – I ступень турбокомпрессора; *21* – II ступень турбокомпрессора; *22* – паровая турбина; *23* – III ступень турбокомпрессора; *24* – IV ступень турбокомпрессора; *25* – конденсационная колонна; *26* – испаритель; *27* – теплообменник; *28* – подогреватель; *29* – колонна синтеза аммиака; *30* – подогреватель воды; *31* – сепаратор; *32* – циркуляционное колесо компрессора; *33* – сборник жидкого аммиака; *34* – регенератор; *35* – теплообменник; *36* – воздушный холодильник; *37* – насосы; *38* – паросборник; *39* – вспомогательный котел; *40* – компрессор воздуха; *41* – воздушный холодильник.

Производство холода обеспечивает абсорбционная холодильная машина, работающая на использовании тепла конвертированного газа, идущего из конвертора оксида углерода. Схема холодильной машины представлена на рис.3.2.

Раствор с большим содержанием легкокипящего компонента, образующийся в абсорбере (*3*), поступает в ресивер (*10*), а затем в насос (*5*) при давлении кипения, где его давление повышается до давления конденсации. За счет работы насоса к раствору подводится тепло. Концентрация раствора при этом не изменяется. Из-за несжимаемости жидкости энтальпия раствора до и после насоса остается постоянной. Далее раствор поступает в дефлегматор (*2*), где охлаждает пары водоаммиачной смеси и конденсирует из нее пары воды. В элементном теплообменнике растворов (*4*) раствор подогревается и с неизменной концентрацией подается в генератор-ректификатор (*1*). В генераторе при подводе тепла от греющего источника раствор кипит, его концентрация по легкокипящему компоненту уменьшается. В абсорбционной машине, образующийся пар подвергается очистке в процессе ректификации, происходящей в специально предусмотренной для этого части генератора.

Пар из генератора, пройдя дефлегматор, направляется в конденсатор (*6*), где сжижается и попадает в ресивер жидкого аммиака (*9*). Затем жидкость охлаждается в газовом переохладителе (*7*) и дросселируется в регулирующем вентиле. При этом давление снижается. Процесс дросселирования происходит при постоянной энтальпии и концентрации. Холодильный агент переходит из состояния переохлажденной жидкости в состояние влажного пара и поступает далее в испаритель (*8*), где кипит при подводе тепла от охлаждаемого объекта. Поток пара из испарителя, пройдя газовый переохладитель, направляется в абсорбер. Туда же поступает раствор из генератора после охлаждения в теплообменнике и дросселирования в регулирующем вентиле. В абсорбере происходит поглощение пара раствором при отводе тепла. Концентрация по легкокипящему компоненту повышается, и на этом цикл замыкается.

Основная часть холода при производстве аммиака потребляется агрегатом синтеза для конденсации аммиака из азотно-водородно-аммиачной смеси высокого давления при температурах кипения хладагента от -10 до -12 °C, а также для конденсации аммиака при температурах кипения от -30 до -34 °C.

В процессе проведения производственного эксперимента были определены основные рабочие параметры: расход крепкого раствора, поступающего в генератор; величины давлений и температур потоков раствора и пара.

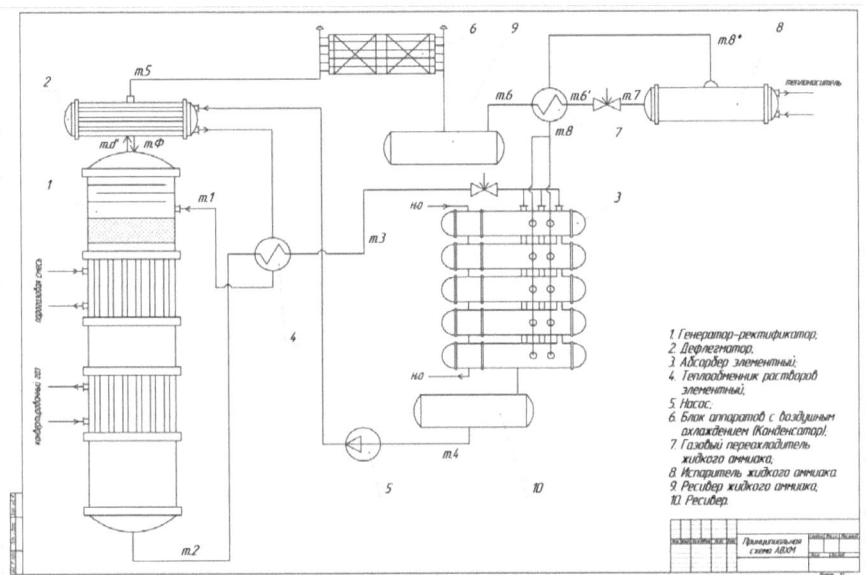

Рис.3.2.Принципиальная схема абсорбционной водоаммиачной холодильной машины

Проектные данные абсорбционной водоаммиачной холодильной машины системы синтеза аммиака.

Наименование оборудования	Техническая характеристика
Генератор-ректификатор	$T_{расч}$=115°C; $P_{расч}$=20 кгс/см².
Дефлегматор	В трубном пространстве крепкий водоаммиачный раствор с Т=(35÷44)°C; Р=20 кгс/см². В межтрубном пространстве пары аммиака с Т=(52÷102)°C; $P_{расч}$=20 кгс/см².
Конденсатор	Т=52°C; Р=16 кгс/см².
Ресивер жидкого аммиака	$T_{расч}$=45°C; $P_{расч}$=20 кгс/см².
Газовый переохладитель	Во внутренней трубе жидкий аммиак с

	$T_{расч}$=45°C; $P_{расч}$=20 кгс/см^2.
	В наружной трубе – газообразный аммиак с
	$T_{расч}$=5°C; $P_{расч}$=16 кгс/см^2.
Абсорбер элементный	В трубном пространстве вода с $T_{расч}$=25°C;
	$P_{расч}$=16 кгс/см^2.
Ресивер абсорбера	Водоаммиачный раствор с $T_{расч}$=35°C;
	$P_{расч}$=16 кгс/см^2.
Теплообменник элементный	В трубном пространстве – слабый водоаммиачный раствор с $T_{расч}$=115°C; $P_{расч}$=20 кгс/см^2.
	В межтрубном пространстве крепкий водоаммиачный раствор с $T_{расч}$=95°C;
	$P_{расч}$=20 кгс/см^2.
Испаритель (переохладитель)	T=-10°C

3.2. Анализ недостатков в работе и предложения по модернизации АВХМ

Анализ рабочих параметров и результаты расчетов показали уменьшение холодопроизводительности машины за счет снижения эффективности работы абсорбера, что сказалось на уменьшении интервала дегазации. При сравнении с проектными показателями (таблица 1) было установлено, что изначально на величину интервала дегазации влияет температура охлаждающей воды. Кроме того, в длительной круглогодичной эксплуатации появилось загрязнение теплообменной поверхности. В результате совместного влияния этих факторов происходит ухудшение регенерации и насыщения абсорбента.

Недостаточное охлаждение абсорбера ведет к тому, что из него выходит раствор с более высокой температурой, чем проектировалось изначально. А это влияет на работу дефлегматора, который охлаждается раствором, выходящим из абсорбера, что, в свою очередь, вызывает уменьшение концентрации аммиака перед входом в конденсатор, и, как следствие, уменьшение холодопроизводительности.

Увеличение интервала дегазации предлагается произвести путём модернизации системы за счёт использования схемы двухступенчатой абсорбции.

Применение схемы абсорбционной холодильной машины с двухступенчатой абсорбцией (рис.3.3.) позволит уменьшить тепловую нагрузку на абсорбер, уменьшить затраты тепла и свести к минимуму капитальные затраты на модернизацию. Основным преимуществом последовательного соединения абсорберов является то, что насыщенный при меньшем давлении раствор может при повышении давления дополнительно поглотить значительное количество паров и тем самым повысить свою концентрацию. В абсорберы низкой и высокой ступеней охлаждающая вода поступает параллельно. Интервал дегазации увеличивается за счёт повышения концентрации крепкого раствора. Процесс в абсорбере высокой ступени протекает за счет пара, полученного в процессе дросселирования основного потока холодильного агента.

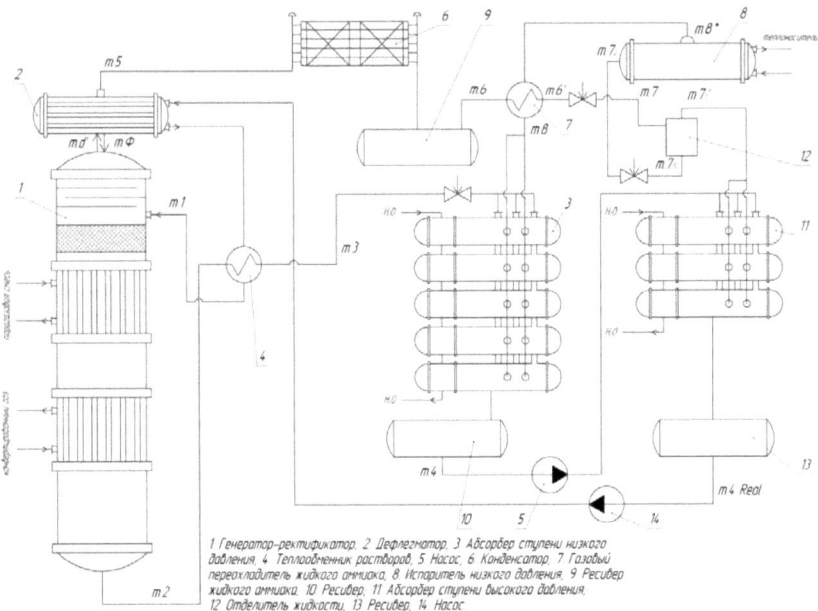

Рис.3.3. Схема модернизированной абсорбционной водоаммиачной холодильной машины.

На основе полученных данных в ходе эксперимента на ООО «Азот» г. Невинномысск были разработаны программы расчета абсорбционной водоаммиачной холодильной машины и абсорбционной водоаммиачной холодильной машины с двухступенчатой абсорбцией на языке программирования Visual Basic 6.0. Пример интерфейса программы для одного из режимов представлен на рис.3.4.

Анализ термодинамического совершенства проводился на основе определения значений эксергетического КПД отдельных элементов и системы в целом. Полученная при этом информация в виде распределения и характеристики потерь вследствие необратимости процессов во время наиболее трудного режима работы служит для построения диаграммы эксергии потоков, которая наглядно показывает величины потерь эксергии в системе и их распределение между элементами процесса (рис.3.5). В данной системе ввод эксергии теплового потока (конвертированный газ) в генератор равен 100%. Распределение потерь по элементам: генератор – 14%, дефлегматор – 15%, конденсатор – 13,6%, испаритель – 10,5%, абсорбер низкой ступени – 17%, абсорбер высокой ступени – 4,4%, теплообменник – 23,2%. Наибольшие потери характерны для абсорбера, теплообменника и дефлегматора. Эксергетический КПД схемы с двухступенчатой абсорбцией составляет 15%, что подтверждает правомерность принятой схемы.

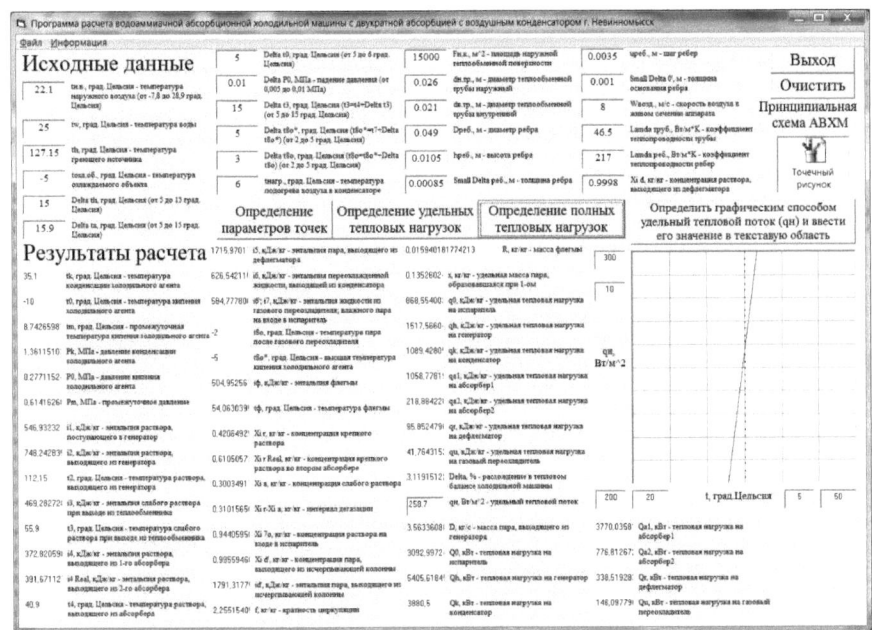

Рис.3.4. Интерфейс программы теплового расчета водоаммиачной абсорбционной холодильной машины с двухступенчатой абсорбцией на июль месяц 2011 г.

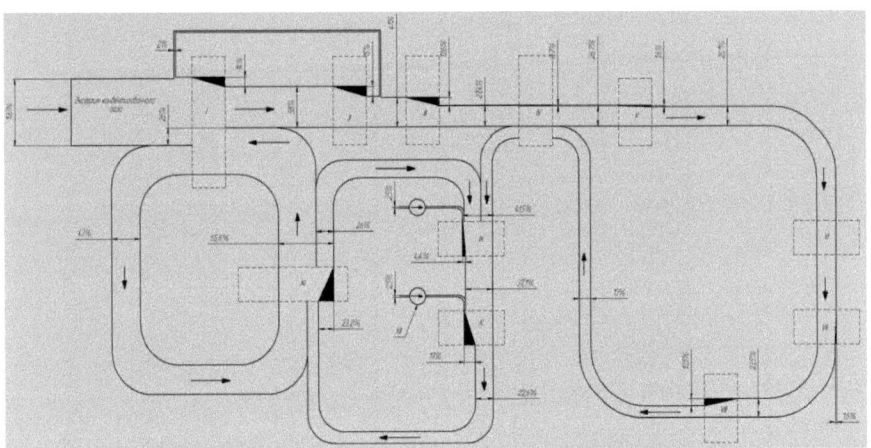

Рис.3.5. Эксергетическая диаграмма абсорбционной водоаммиачной холодильной машины.

3.3. Выводы к главе 3

1. Анализ работы абсорбционной водоаммиачной холодильной машины в составе схемы синтеза аммиака на основе моделирования показал, что в условиях работы, определённых параметрами охлаждающей среды, снижена эффективность одного из самых важных элементов – абсорбера.

2. В качестве направления модернизации предложено использовать схему с двухступенчатой абсорбцией.

3. Возможность использования предлагаемой схемы показана на основе результатов эксергетического анализа системы для наиболее трудного режима работы

4. Применение данной машины позволит уменьшить потери в элементах системы, благодаря чему происходит уменьшение затрат тепла, а значит, увеличение интервала дегазации и холодопроизводительности при минимальных капитальных затратах.

Заключение

На основании проведённого исследования можно заключить, что использование эксергетического метода анализа вносит вклад в решение важнейшей проблемы энергосбережения, позволяя оценить степень термодинамического совершенства систем и возможность применения в технике бросовых источников тепла для получения положительного технического эффекта. Количественная оценка эффективности является убедительным условием поиска методов совершенства процессов и систем в целом.

СПИСОК ЛИТЕРАТУРЫ

1. Алейникова А.А. Абсорбционные холодильные машины в системе тригенерации // Энергия и Менеджмент. №4 -2008

2. Алексеенко С. Проблемы энергосбережения // Строительство и городское хозяйство Сибири. №10 -2005

3. Архаров А.М. Основы энтропийно – статистического анализа реальных энергетических потерь в низкотемпературных и высокотемпературных машинах и установках / Сычев В.В. // Холодильная техника №12 – 2005 – С. 14-23

4. Бараненко А.В. Холодильные машины / Бараненко А. В., Бухарин Н. Н., Пекарев В. И., Сакун И. А., Тимофеевский Л. С.; Под общ. ред. Л. С. Тимофеевского // — СПб.: Политехника, 2006г. — 942 с.

5. Бараненко А.В. Абсорбционные преобразователи теплоты / Тимофеевский Л.С., Долотов А.Г., Попов А.В. // Санкт – Петербург, СПбГУНиПТ, 2005г. – 337с.

6. Блиер Б.М.,. Теоретические основы проектирования абсорбционных термотрансформаторов ./ Вургафт А.В//   .- М.: Пищевая промышленность, 1971. - 204с.

7. Бродянский В.М. Эксергетический метод и его приложения / В.М.Бродянский, Фратшер В., Михалек К. // -М.: Энергоиздат, 1988.-280

8. Бусленко Н.П. Моделирование сложных систем // – М. : Наука, 1978. – 400с

9. Галимова Л.В.,Гуиди Т. Клотильде, Лазаренко О.О. Программа для эксергетического анализа промышленных холодильных систем / Свид. о гос. регистрации программ на ЭВМ №2008614758. 3.10.2008.

10. Галимова Л.В., Камнев А.А., Лазаренко О.О., Гуиди Т.К. Моделирование и эксергетический анализ одноступенчатой аммиачной экспериментальной холодильной машины // Вестник Астраханского государственного технического университета. 2008. №2. С. 114-122.

11. Галимова Л.В., Гуиди Т.К. Термодинамическая эффективность холодильной системы на примере пластинчатого льдогенератора // Материалы

IV Международной конференции "Низкотемпературные и пищевые технологии в XXI веке": Санкт- Петербург, ноябрь 2009г.

12.Галимова Л.В. Конденсатор энергосберегающей системы / Славин Р.Б. //Патент на полезную модель №92095 от 10 марта 2010г.

13.Галимова Л.В. Моделирование процессов в энергосберегающей системе на базе парогазотурбинной установки и абсорбционной бромистолитиевой холодильной машины / Славин Р.Б. // III Международная научно-техническая конференция «Низкотемпературные и пищевые технологии в XXI веке». - Санкт-Петербург, -2007- С.31-37

14.Галимова Л.В. Оценка эффективности автономной энергосберегающей системы по одновременной выработке электроэнергии, тепла и холода // Камнев А.А., Славин Р.Б. // IV Международная научно-техническая конференция «Низкотемпературные и пищевые технологии в XXI веке». - Санкт-Петербург - 2009 - С.21-24

15.Галимова Л.В. Программа для расчета энергосберегающей системы / Славин Р.Б. // Свидетельство о государственной регистрации программы для ЭВМ №2008612537 от 22 мая 2008г.

16.Галимова Л.В. Термический компрессор в составе систем энергосбережения / Славин Р.Б. // Труды XIV Международной научно-технической конференции по компрессорной технике. Казань,- 2007 –С.105-106

17.Галимова Л.В. Энергосберегающая система на базе парогазотурбинной установки и абсорбционной бромистолитиевой холодильной машины нового поколения / Славин Р.Б. //Холодильная техника №2 – 2007 - С. 42-43

18.Галимова Л.В. Эффективность системы тригенерации на базе парогазотурбинной установки и абсорбционной бромистолитиевой холодильной машины нового поколения / Славин Р.Б. // Сборник материалов Международной научно – практической конференции «Повышение безопасности энергетических комплексов, эффективности охраны труда и экологичности технологических процессов». Астрахань, - 2010 – С. 296-300.

19.Головкин Н. Н. Анализ экономической эффективности строительства мини – ТЭЦ с учётом возможностей киотского протокола // Экон. анал.: теория и практ. N 22 – 2010 - с. 24-29.

20. Гуиди Т.К., Галимова Л.В., Пешев В.Ф. Термодинамический анализ холодильной установки маслосырбазы «Астраханская» //Вестник Международной академии холода. 2009. № 1. С. 28-31.

21.Дубинин А.Б. Эксергетический метод исследования как основа совершенствования теплоэнергетических установок / Андрющенко А.И., Осипов В.Н. //Вестник СГТУ №3 -2004.

22.Ильин А.К. Парогазотурбинная установка с теплоиспользующей холодильной машиной как система энергосбережения / Галимова Л.В., Славин Р.Б. // Материалы научно-практической конференции «Проблемы и основные факторы развития топливно-энергетического комплекса юга России». Ростов-на-Дону, -2007 – С. 37-38

23.Клейпен Дж. Статистические методы в имитационном моделировании // – М.: Статистика, 1978. Вып.1. – 221с.; Вып.2. – 335с.

24.Советов Б.Я. Моделирование систем /Яковлев С.А. // -М.: Высш. шк., 1998.-311с

25.Табунщиков Ю. А. Оценка экономической эффективности инвестиций в энергосберегающие мероприятия / Шилкин Н. В. // АВОК №7 – 2005

26.Хараз Д.И. Получение холода с помощью абсорбционных холодильных машин на базе использования вторичных энергетических ресурсов химических производств / Турецкий В.М // М. :Изд-во НИИТЭХИМ, 1981

27.Abdul Khaliq Exergy analysis of gas turbine trigeneration system for combined production of power heat and refrigeration // International journal of refrigeration. Volum 32 - 2009 - p. 534-545

28.Ahern J. The Exergy Method of System analysis. / M.-Y.: John Wiley and Sons. 1980

29. Galimova L .V., Guidi T.C. Détermination des pertes minimales

exergétiques d'un compresseur d'une machine frigorifique expérimentale d'essai // journal de la recherché scientifique de l universite de. Lome (Togo). 2008.vol.10. №1 p.1-10.

30. Galimova L.V., Guidi T.C. Détermination des pertes minimales exergétiques d'un compresseur d'une machine frigorifique expérimantale d'essai //Journées scientifiques internationales de Lomé XIII edition. Résume. Lome (Togo). 2008. p. 235.

31.Guidi T.C., Galimova L.V. Analyse thermodynamique des installations frogorifriques industrielles // 2eme collogue des sciences, cultures et technologies de 'UAC . résumés-abstracts. BENIN. 2009. du 26 au 29 mai

32.Fratzcher W., Beer J. Stand and Tendenzen dei der anwendung und weiteren twicklung des Exergiebegriffs // Chemishe Nechnik. 1981. Bd 33. №1. P. 1-10.

33.Fratzscher W., Brodjanskij V., Michalek K. Exergie. Theorie and Anwendung / VEB Dentscher Verlag fur Crundstoffindustrie. Leipzig. 1986

34.Kotas T. The Exergy Method of Thermal Plant analysis / London.: Butterworth. 1985

35.Lai Sau Man, Hui Chi Wai Feasibility and flexibility for a trigeneration system Energy // 2009. 34, N 10, с. 1693-1704. Англ.

36.Soma J. Enter Exergy Management // Plant Energy Management 1982. №3. P.14.

77

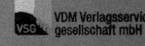